KB247322

남해안에서
만나는
계절별
로컬푸드

영광

영광
굴비(겨울)

구례
밀(여름)
쌀(가을)

벌교
꼬막(겨울)

구례

신안
천일염

신안

목포
민어(여름)

보성
녹차(봄)

목포

벌교

보성

장흥
키조개(봄)
매생이(겨울)

고흥

장흥

진도

완도

진도
울금(겨울)
홍주

고흥
유자(가을)

완도
미역(겨울)
전복

광양
불고기, 고로쇠(봄)
매실(여름)

순천
굴비정식

하동
녹차(봄)
재첩(봄/가을)

사천
쥐포

창원
미더덕(봄)

창원

하동

광양

사천

순천

여수

남해

통영

거제

거제
죽순(봄)
포도(여름)
대구(겨울)

남해
마늘(여름)

통영
도다리(봄)
갯장어(여름)
물메기(겨울)
굴(겨울)
미역(겨울)
전복
졸복

여수
갯장어(여름)
군평선이(금풍생이/여름)
서대회(여름)
굴(겨울)
개도 막걸리

서울 부부의
남해 밥상

서울 부부의
남해 밥상

글·사진 정환정

남해의봄날

프롤로그

서울 부부의 남해 밥상

언젠가 낯선 곳에서 낯선 사람으로 죽을 것이라 생각하며 살던 내가 결혼을 결심하게 된 것은 연애 당시의 아내 역시 서울에서의 삶이 사람에게 유익하지 않다는 데에 동의했고, 머지않은 미래에는 서울에서 벗어나자는 계획을 공모하기로 합의했기 때문이었다.

서울에는 사람이 너무 많이 살고 있고 그 사람들이 소비하는 물건들도 많다. 그리고 그것들은 사람보다 귀한 대접을 받고 있다. 심지어는 점원들조차 자신이 판매하는 상품에 대해 "이 제품은 이러이러한 장점을 갖고 계세요" "워낙 인기가 많아서 얼마 안 남으셨어요"라며 아무렇지도 않게 존대를 할 정도다. 파는 사람이나 사는 사람보다 선반 위에 올려놓은 구두, 가방 혹은 옷 따위가 더 귀하고 중요한 곳이 바로 서울이다. 그래서 서울에서는 사람이 사람 취급을 받지 못하는 게 자연스러울 수밖에 없다는 끔직한 사실에 괜히 무섭기도 했다.

그러다 전혀 생각도 못했던, 서울에서 네 시간 거리의 경상남도 통영에서의 삶이 시작되었다. 우리보다 먼저 내려와 살고 있던, 아내의 옛 직장 대표님 부부의 권유 때문이었다. 결혼 3년 차에는 서울을 벗어나자는 계획을 갖고 있었으니 애초에 우리가 마음먹었던 시기와는 맞아떨어졌지만,

춘천이나 경주, 전주 등지를 생각했던 처음의 계획과는 꽤나 거리가 있는 곳이었다. 그럼에도 불구하고 우리는 별 고민 없이 남쪽 끝으로의 이사를 결심했다. 어디든 서울보다 못하진 않을 거라 믿었기 때문이다. 물론 그런 섣부른 판단은, 틀리지 않았다.

　우리는 이곳에서 사람과 사람 사이의 적당한 거리를 알게 되었고 시간에 따라 변화하는 하늘의 색과 날짜에 따라 달라지는 바다의 깊이에 대해 알게 되었다. 그리고 무엇보다 계절이 바뀌고 있음을 사람들의 옷차림이 아니라 시장에 나오는 생선, 채소 등을 통해 인식하게 되었다. 서울에서 태어나 서울에서 자라온 내게는 엄청난 발견이었다.

　내가 기억하는 서울의 시장에서는 계절이 바뀌어도 변함없이 고등어가, 갈치가, 동태가 팔리고 있었고 그나마 과일 가게 앞을 지날 때에야 어제만 해도 못 보던 무언가를 발견하고 새로운 옷을 입어야겠다는 마음을 먹곤 했다. 하지만 이곳에서는 고급 횟감으로만 알고 있던 제철 도미가 반찬으로 팔리고 있다는 사실을, 찬바람이 불기 시작할 때 잡히는 삼치의 크기를 이야기할 때는 센티미터가 아닌 미터를 사용하는 게 빠르다는 사실을 새롭게 알게 되었다. 전주가 고향인 어머니는 이곳에 오셔서 고등어의 사촌인 전갱이가 아직 잡히고 있음을, 말린 민어가 그렇게 흔함을 처음 아셨다고 한다. 친구들은 이곳 사람들이 광어와 우럭이 아닌, 이름을 알 수 없는 물고기를 횟감으로 사용하는 것을 보곤 그야말로 서울 촌놈 같은 표정을 짓기도 했다.

초여름에 이사를 와 첫 겨울을 맞이할 때까지만 해도 이런 신기함은 여전히 계속되고 있었다. 처음엔 내가 이곳에서의 삶에 애정이 넘치기 때문일 것이라 생각했다. 그런데 그러한 마음이 드는 것이 좋지 않은 현상임을 곧 깨닫게 되었다. 사람을 대하는 태도, 현상을 바라보는 관점, 생활의 속도 등이 아직도 서울에서의 그것에 맞춰져 있기 때문이었다.

다시 말해 나는 아직 서울의 때를 다 벗지 못한 채 이방인으로 살고 있었다는 뜻이다. 매일 아침 눈을 뜨는 곳이 바뀌었을 뿐 삶의 방식은 신기한 것 주변에서 두리번거리는 여행자와 별반 다를 게 없었다. 그래서 그동안 한발 뒤에서 바라만 보았던 풍경과 사람들 속으로 들어가야겠다는 마음을 먹었다. 간단하면서도 어려운 방법을 통해서 말이다.

You are what you eat. 나는 재료를 선택하고 요리하고 먹는 방식을 통해 한 사람의 삶과 정서를 엿볼 수 있다고 믿는다. 무엇인가를 먹는 일은 사람이 살아가는 데에 있어 더 없이 보편적이고 평등한 행위이기 때문이다. 그래서 나와 아내는 이곳 사람들과 같은 것을 먹는 일에 좀 더 진지한 마음으로 다가서기 시작했다. 통영과 그 주변에서 계절에 맞춰 수확하는 갖가지 먹을거리를 매개로 삼는다면, 우리는 이곳에서의 삶이 어떠한 것인지 더 잘 알 수 있을 테고 더 쉽게 남해안 사람이 될 수 있을 것이라는 일종의 확신과 함께. 그러자 그동안 우리가 알고 있던 것과는 전혀 다른 삶이 보이기 시작했다.

설날이 지나면 그 흔했던 대구가 작심을 한 듯 모두 자취를 감춘다는 사실을 새롭게 알게 되었고, 도다리를 쑥과 함께 끓여먹어야 봄을 맞을 준비를 제대로 하는 것이라는 의미 역시 통영에서 배우게 되었다. 아무리 찾아봤자 찬바람이 나기 전까지는 굴을 구경할 수 없으며 서울에서는 상상도 못했던 또 다른 모습의 홍합들이 왜 남해안에서만 유통되는지 엿들을 수 있었다.

이 모든 새로운 사실들의 비밀은, 하지만, 아주 간단한 것이었다. 남해안에서 살아가고 있는 사람들은 결핍과 부재를 겸손하게 받아들이면서도 풍요로움을 누구보다 적극적으로 만끽하고 있었던 것이다. 모든 것이 항상 그렇게 그 자리에 있어야 한다고 믿으며 살아온 도시 사람들은 이해하지 못할 즐거움이 서울에서 한참 떨어진 울퉁불퉁한 해안 곳곳에 퍼져 있었다.

그런 이유로 나는 이 책이 하나의 건강한 밥상이 되길 바란다. 무엇이든 쑤셔넣는 대형마트의 냉동고가 아니라 계절과 시기에 따라 아름답고 향기롭게 변하는 시장의 좌판이 되길 바란다. 그래서 이 책을 읽는 독자가 서울 바깥에서 살아간다는 것이 결코 고단하거나 유무형의 혜택에서 제외된 것이 아님을 새롭게 인식하길 바란다. 오히려 삶은 서울로 대표되는 대도시 밖에서 원래의 속도대로 흘러가고 본래의 색을 찾으며 그에 맞는 대우를 맞게 되는 법이니까 말이다.

대구 배꼽이 터지도록 튀어나오는 계절에 통영에서

목차

서울 탈출기

전라남도 순천에서 일주일 동안 음식점을 돌아다니며 취재를 하고 서울로 올라가는 길이었다. 음식에 있어서만큼은 남도 제일을 자부하는 도시 안에서도 나름대로 엄선된 곳들만 순회하며 선미仙味를 즐기던 나날이었지만 어쨌든 본질적으로는 업무였다. 그러니 일정이 막바지에 이를 무렵부터는 꽤나 피곤했다. 게다가 다시 서울로 돌아가 마무리해야 할 일 역시 적잖게 남아 있다는 생각에 그리 홀가분한 기분도 아니었다. 고속버스가 아니라 기차를 탄 것도 노트북으로 원고를 작성하기 위해 전원이 필요했기 때문이었다. 다시 말해 기차가 달리는 다섯 시간 동안 나는 내가 맛본 음식 그리고 음식점에 대한 특징을 서술하느라 꼼짝도 하지 못하고 내내 앉아만 있었던 것이다.

그러니 마침내 영등포역에 도착한 밤 10시 무렵의 나는 지치지 않을 수가 없었다. 하지만 기차에서 내리자 내 몸은 내 뜻과 다르게 움직이기 시작했다. 카메라 가방과 노트북 가방을 양쪽 어깨에 나눠 메고 잔뜩 늘어져 있던 나는 조금 느리게 걸으려 했지만, 다리가 움직이는 속도는 마음대로 제어가 되질 않았다. 많은 사람들이 같은 방향으로 걷고 있었다지만, 남들보다 크고 무거운 내 등을 누가 열심히 밀고 있는 것도 아닌데 나는 마치 경보라도 하듯 플랫폼을 걸은 후 뛰듯이 계단을 올랐다. 누군가 내 옆으로 스쳐 지나가는 게 시야에 들어오면 저절로 몸에 힘이 들어갔고 저 앞에 보이는 출구를 다른 사람보다 먼저 빠져나가야 한다는 목적의식이 스멀스멀 생겨나기 시작했다.

대합실로 나오니 그곳이 바로 별천지였다. 무언가를 기다리며 긴장해 있는 그 많은 사람들, 그 사람들에게 시끄럽게 말을 걸고 있는 화려한 간판들. 일주일 동안 한 번도 구경하지 못한 복잡한 공간을 빠져 나와 택시를 잡기까지 10분도 안 걸렸지만, 나는 하루치 취재를 끝낸 것처럼 피곤해졌다. 고작 500여 미터나 될까 싶은 거리를 걷는 데에 이렇게 숨이 막히는 것은 결코 운동 부족 때문이 아니라는 생각을 하며 크고 무거운 두 개의 가방과 함께 뒷좌석에 몸을 묻자 저절로 한숨이 나왔다.

"어디 먼 데 다녀오는 모양이네요?"

다행히 맘 좋게 생긴 기사 아저씨였다.

"순천에 일주일 있다 오는 길인데, 서울에 도착하자마자 진이 다 빠지네요. 어휴 이런 데서 그동안 어떻게 살았는지 모르겠어요."

진심이었다. 일주일 동안 인구 30만 명의 도시에 익숙해져 있던 내 몸과 마음의 속도는, 서울의 그것을 따라가기에 역부족이었다. 새삼 서울에서의 삶이 얼마나 숨 가쁜 것인지 실감했다. 하지만 더 무서운 건 많은 서울 사람들이 자신이 얼마나 빠른 물살 속에서 살아가고 있는지 모르고 있다는 사실이었다.

"어쩌겠어요. 먹고 살려면 남들 가는 만큼은 가야지."

아저씨의 푸념인지 위로인지 모를 말에 나는 웃으며 눈을 감았다.

"그래서 저는 이제 서울 떠나려고요."

그때가 처음이었다. 누군가에게 우리 부부가 서울을 떠날 결정을 했다고 이야기한 것이.

서울 밖의 삶을 상상하다

나는 장돌뱅이였다. 물론 남들처럼 회사생활을 한 적이 없는 건 아니었다. 3년 동안 정말 열심히 회사를 다녔다. 얼마나 열심이었냐면, 한 달에 보름은 새벽 2시에나 퇴근을 하곤 했다. 도무지 이해가 되질 않는 시스템이었다. 하지만 그렇게 하지 않으면 제때 납품기한을 맞출 수 없는 시스템이기도 했다. 삶의 방법에 대한 고민이 든 건 당연한 일이었다.

그렇다면 어떻게 사는 게 옳은 일일까. 사실 답은 간단했다. 많은 사람들이 '그렇게 만은 살 수 없다'고 이야기하지만, 하고 싶은 일만 하면서 사는 게 내 생활의 만족도를 높이는 가장 빠른 방법이었다. 다만 제약이 따른다. 당연히 경제적인 어려움을 각오해야 했고, 무엇보다 중요한 것은 그런 삶에 누군가가 포함되면 안 된다는 사실이었다. 결혼을 하고 아내와, 그리고 아이를 낳아서 아들 혹은 딸과 함께 살기 시작하면 결국 내 삶은 더 이상 나만의 것이 될 수 없다는 것을 온몸으로 웅변하는 사례를 아주아주 많이 보아왔던 터였다. 그래서 나는 평생을 혼자 살기로 마음을 먹었다. 몇 년 동안 모았던 돈을 단 한 번의 여행에 모두 써버린 것은 스스로와의 약속을 지키기 위함이기도 했다.

그런데 나는 결국 결혼을 했다. '결국'이라는 단어를 사용하긴 했지만 사회의 통념 혹은 주위의 시선 때문에 결혼에 굴복했던 것은 아니다. 세상에 존재하지 않을 거라 여겼던 사람을 만났기 때문이었다. 그러니까, 다른 사람들이 말하는 일반적인 가치 말고도 소중한 무언가가 있다고 믿는 결혼적령기의 미혼 여성을 만난 것이다. 생전 처음 보는 누군가가 내 손에 세계일주 무료항공권과 모든 목적지의 특급호텔 숙박권을 쥐어주는 것보다 현실성이 떨어지는 일이었다. 그래서 얼른 결혼을 했다. 그리고 그때부터 우리는 서울 밖에서의 삶을 계획하기 시작했다. 덕분에 실행과는 별개로, 상상하기 좋은 그림들은 많이 그릴 수 있었다.

소양호 근처에서 직접 커피콩을 볶는 카페를 차리거나 경주에서 외국인 대상 게스트하우스를 운영하는 방법에 대해 고민을 했다. 전주 부근에 밭을 사서 블루베리 농사나 지으며 살아도 좋겠다는 등의 대략적인 스케치였다. 그것들에 때때로 색을 입히기도 했지만 완성된 것은 하나도 없었다. 카페는 아무리 따져 봐도 투자 대비 수익에 대한 의문이 떨쳐지지 않았고 게스트하우스에 오는 여행객들을 보면 나와 아내는 그들이 떠나온 나라로 향하는 또 다른 여행자가 되길 바랄 게 틀림없었다. 아울러 우리가 '유망한 작물'이라는 사실을 알 정도면 이미 다음 해쯤에는 세상이 온통 블루베리로 뒤덮여 급기야 블루베리 김치가 나올 수도 있을 것이라는 결론을 내리고 씁쓸해 했던 것이다. 그럼에도 불구하고 우리는 서울 밖에서의 삶을 그려보는 일을 멈추지 않았다. 상상하는 것만으로도 즐거웠기 때문이다.

우리 통영 가서 살까?

어제와 별로 다를 게 없던 어느 날 회사에서 퇴근한 아내가 내게 '마트에나 다녀올까' 하는 투로 물었다. 통영에서 사는 건 어떻겠느냐고. 마트 육류코너에서 할인 행사 한다는 소식을 들었느냐는 투로 되물었다. 갑자기 통영은 어인 영문이냐고. 얘기를 들어보니 아내의 회사가 분사되면서 통영에 사무실이 생길 예정이라는 거였다. 회사가 그리 크질 않으니 당연히 월급도 줄어들 테고 어떤 일을 하게 될지는 모르는 상황. 하지만 어쨌든 통

영으로 이사를 할 명분이 생겼다는 말에 나는 반값에 할인하고 있는 삼겹살을 발견한 것처럼 기분이 좋아져 그러자고 했다. 우리가 통영으로의 이사를 결정하는 데에 걸린 시간은 대략 5분 남짓. 삼겹살만 사느냐 좀 비싸지만 항정살도 곁들이냐는 실랑이를 해도 이보다는 더 많은 시간이 걸렸을 게다.

　다음날부터 좀 더 구체적인 이사 계획을 짜기 시작했다. 아무래도 현실적인 문제들을 가장 먼저 점검해야 했다. 우선 아내의 월급이 줄어드는 부분은 예상 가능한 영역이었다. 하지만 나의 경우는 문제가 좀 달랐다. 적을 두고 있는 회사는 없었지만 나를 부르는 사람들은 모두 서울에 있었다. 통영으로 이사를 가게 되면 네 시간 이상의 물리적 거리가 발생하게 된다. 그리고 심리적 거리는 그보다 더 멀어진다. 어쩌면 서울을 떠나는 동시에 내게 일을 주던 사람들의 기억 속에서 정환정이라는 프리랜서 역시 장거리 버스를 타고 사라질지도 모를 일이었다. 위험 부담이 큰 일이었지만 덕분에 정말 내가 하고 싶은 일을 할 수도 있다는 생각이 들었다.

　그 전까지는 내게 의뢰가 들어오는 것들 중 내 취향에 맞는 것을 취사선택하는 방식으로 일을 했다. 원하는 일만 하긴 했지만 어디까지나 '소극적인 내 마음내로'였다. 하지만 통영에서는 내가 좋아하는 것을 찾아 그것에 대해 글을 쓰거나 촬영을 할 수 있을 게 분명했다. 아니 그래야 했다. 내게 일을 줄 사람이 많이 줄어들 테니까. 그렇다면 애초에 직장생활을 그만두기로 마음먹었던 당시 내가 결심했던 '적극적인 내 마음대로'가 가능해질 터였다. 아니 그렇게 해야겠다고 마음먹었다. 그게 어떤 일이 될지, 얼마만큼의 수익을 낼지는 아무도 장담을 못 하지만 말이다.

　두 번째 문제는 집이었다. 서울보다야 당연히 집값이 쌀 테지만 운 좋게 아주 낮은 비용으로 꽤 괜찮은 전세를 얻어 살고 있었기에 집을 뺀다고 해도 우리가 손에 쥘 수 있는 돈은 그리 넉넉지 않았다. 알아보니 통영 주택 시장은 거래도 활발치 않을 뿐 아니라 전세가 거의 없었다. 여차하면 집을 구입해야 하는 상황이었다. 이 문제는 쉽게 결론을 내릴 수 없는 것이었기에 나와 아내는 꽤 오랜 시간 동안 가장 합리적인 방법을 찾기 위해 고민했다. 직접 통영에 내려와 부동산 업자와 이곳저곳을 둘러보기도 했다. 그리고 마침내는 생애 첫 우리 집을 갖기로 결정했다. 워낙에 전세가 없었던 탓이다.

그 외의 잡다한 일들, 그러니까 포장이사를 위한 견적을 내고 우리가 살 아파트 인테리어 공사를 할 업체를 선정하고 벽지색이나 타일의 문양을 선택하는 등의 호사스러운 고민은 우리가 넘어야 할 거대한 산의 그림자 때문에 제대로 돌아볼 수도 없었다.

나와 아내는 모든 것을 결정해놓은 상태에서 양가 부모님께 우리의 이사에 대해 말씀드려야 했다. 다행히 양쪽 집안 모두 믿고 맡기는 양육을 하셨지만 그렇다고 해서 자식이 눈앞에서 멀어지는 것을 달가워하실 리는 없었다. 특히 어머니에 대한 걱정이 컸다. 세상 어느 어머니가 그러하지 않을까마는 한국 어머니들의 자식 사랑은 유별난 데가 있고 전라도가 고향인 어머니들은 더더욱 그러했기 때문이다. 아프리카로 넉 달 반 동안 여행을 다녀오던 아들이 고속버스 타고 네 시간이면 도착하는 통영에 내려가 사는 게 뭐 그리 대수일까 싶다가도 평소 어머니가 내게 신경 쓰시던 모습을 생각하면 또 그게 아니었다.

그래서 동생 부부까지 함께 모여 성북동 어느 백숙집에서 식사를 마치고 통영으로의 이사 계획을 말씀드렸을 때 어머니께서 차마 내려가지 말라 만류는 하지 못 한 채 서운한 마음에 잠깐 눈물을 보이시던 모습은 충분히 예상 가능한 것이었다. 다만, 내가 아마 영원히 이해하지 못할 '여자들만의 감정 유대와 공감 능력'으로 인해 어머니의 왼편에 앉아 있던 제수씨도 금세 눈시울을 붉히고 어머니의 오른편에 앉아 있던 아내까지 덩달아 "내려가서 잘 살게요, 어머님"이라 울먹이는 광경을 봤을 때는 마치 한 편의 부조리극 한가운데에 서 있는 것 같아서 잠깐 무섭기까지 했다. 그래도 내 옆에 앉아 계시던 아버지께서 "좋은 결정했다. 서울에서 사는 것보다는 훨씬 나은 삶이 있을 게다. 축하한다"고 격려를 해주신 덕분에 힘을 얻을 수 있었다.

이젠 친구들에게 자랑할 일만 남은 셈이었다. 그건 분명히 자랑이었다. 나도 모르게 발걸음이 빨라지고 불특정 다수를 경쟁자로 생각하며 자꾸 곁눈질 하게 되는 생활을 그만두는 일이 자랑이 아니면 무엇이겠는가. 그리고 내 주위 사람들 대부분은 나와 아내의 결정을 부러워했다. 어쩌면 당연한 일이었다. 내 또래는 지금, 그리고 향후 십여 년 동안 누구보다 치열한 경쟁을 해야 하는 상황임을 스스로 살 알고 있었기 때문이다. 다른 데 보지 말고 쉼 없이 싸우고 또 싸우라 독려하는 누군가의 눈에는 백기를 들고 항복하는 모습으로 비칠지라도, 끝이 보이지 않는 모두와의 투쟁에서 이탈하겠다는 결정을 나보다 먼저 내린 사람이 내 주위에 있었다면 나는 열과 성을 다해 그를 부러워했을 게 틀림없었다. 그래서 내가 만나는 친구들과의 대화는 대충 이런 식이었다.

"너 통영 간다면서?"
"가지. 이제 얼마 안 남았다."
"좋겠다. 가면 뭐하냐?"
"뭐든 하겠지. 게으른 게 문제지 할 일 없어서 문제겠냐."

"좋겠다. 집값은 서울보다 싸지?"

"당연히 싸지. 비교할 걸 비교해라."

"좋겠다. 너 전에 통영 가본 적은 있나?"

"두 번 갔었지. 촬영하러. 볼 데 많아. 사람들 인심도 괜찮고."

"좋겠다. 나 내려가면 재워주냐?"

"재워는 주마. 먹는 건 알아서 해결하고."

"좋겠다. 내려가면 재워주기도 하고."

"좋겠다는 말 좀 그만해!"

초보 운전자의 1박 2일 이사,
초보 통영 주민의 한 해 살이

진심이야 어땠는지 모르겠지만, 많은 사람들의 부러움과 축하 속에서 우리는 마침내 이사할 날을 맞이했다. 아무래도 거리가 있다 보니 이사는 1박 2일에 걸쳐 해야 했다. 오후에 짐을 싸서 트럭에 실으면 그 트럭은 만반의 준비를 하고 서울 어디쯤 있는 차고지에서 밤을 보낸 후 새벽 일찍 출발을 하는 방식이었다. 그리고 우리는 대전에서 하루를 보내고 다음날 새벽에 통영으로 출발할 계획을 세웠다.

그런데 나와 아내가 예상했던 것보다 짐이 많았다. 그래서 집에서 출발하는 시각이 늦어졌다. 사무실에 있던 아내의 짐을 싣는 일 역시 늦어질 수밖에 없었고 덕분에 단골 식당에서 '서울에서의 마지막 만찬'을 즐기자던 계획 역시 틀어질 수밖에 없었다. 우리는 어느새 스스로 생각하는 것보다 훨씬 더 큰 삶의 흔적을 만들어내고 있었다. 그리 좋은 일은 아니었다.

하지만 밥 한 끼 제대로 못 먹은 것보다 더 큰 문제가 있었으니 실제 운전대를 잡은 지 채 한 달도 되지 않는 내가 운전하는 차를 타고 이틀에 걸쳐 통영에 내려가야 한다는 사실이 바로 그것이었다. 차를 인수받은 건 5월 중순, 통영으로 내려가던 날은 6월 초였으니 나는 '실전'을 뛸 기회가 별로 없었다. 좀 더 정확하게 말하자면, 운전대를 네 번째 잡던 날이 바로 통영으로 이사를 오던 날이었다.

이럴 때는 운전하는 사람보다 그 옆에 앉은 사람이 훨씬 더 긴장된다는 사실을 나도 잘 알고 있었다. 그래서 처음 운전석에 앉던 날에는 괜히 콧노래도 부르고 한 손으로 운전대를 돌리는 등의 여유를 부리려 했지만 옆에 앉아 생사여탈권을 내게 의탁하고 있던 아내가 "제발 그러지 말라"고 사정을 하는 바람에 초보 본연의 자세로 운전을 할 수밖에 없었고, 덕분에 차에서 내릴 때쯤엔 어깨가 딱딱하게 굳어버렸다. 그런데 이사를 가던 날에는 그런 허세를 부릴 여유도 없었다. 다음날 새벽부터 다시 운전을 해야 했으니 한시라도 빨리 대전에 도착해 눈을 붙여야 했다. 우리 차에도 적잖은 무게의 짐이 실려 있었기에 차의 움직임에도 꽤나 신경이 쓰였다. 서울을 벗어나는 일이 만만하질 않았다. 그래도 고속도로를 지나는 동안 "당신만큼 내비게이션 잘 보는 생초보는 처음 본다"는 아내의 격려 덕분에 두텁고 거대한 이불솜 같던 밤안개를 뚫고 사고 없이 무사히 대전에 도착했고 싱숭생숭한 불면의 밤을 보낸 후 적잖이 힘들게 통영에 도착했다.

짐을 다 올려놓은 건 오후 서너 시 무렵이었다. 통영에 단 한 대밖에 없다는 고층 전용 사다리차가 약속한 시간보다 늦게 도착한 덕분에 한 시간밖에 못 자고 비몽사몽간에 고속도로를 달린 보람이 사라지기도 했지만 어쨌든 우리는 서울이라 불리는 거대한 뫼비우스의 띠 같은 원형 트랙에서 빠져나왔다는 사실에 기뻐했다. 아직 제자리를 찾지 못한 짐이 많았고 이제 막 인테리어 공사를 끝낸 집 안은 먼지로 가득 차 있는 상태였지만 그것들은 모두 서울과 다른 빠르기로 흘러갈 시간이 해결해줄 문제였다.

그 와중에도 침대를 들여놓은 작은 방만큼은 우리가 기대했던 것보다 훨씬 더 아늑했다. 아마 창밖으로 바다가 보였기 때문일지도 모를 일이었다. 어쩌면 바다가 보이는 창가에 책장을 놓아서였을지도 모른다. 아니면 그런 공간에 그때까지의 모든 과정을 함께 고민하고 해결하고 의지해 온 아내와 같이 있었기 때문일 수도 있다. 통영에서의 생활은 그렇게 시작되었다. 예상보다 피곤했지만 예상보다 평화롭게.

아내가 본격적으로 출근하기 전 몇 주 동안의 생활 역시 평화롭기 이를 데 없었다. 해가 뜨면 아파트 앞으로 지나가는 고깃배의 털털거리는 소리에 눈을 떠 늦은 아침을 먹은 뒤 동네를 한 바퀴씩 돌곤 했다. 그러다 저녁이 가까워 올 때쯤이면 마치 아쿠아리움에 놀러가듯 시장으로 향했다. 거기에는 우리가 서울에서 볼 수 없었던, 혹은 존재조차 모르던 다양한 해산물이 잔뜩 쌓여 있었다. 게다가 그것들은 계절이 아니라 매일매일 자리를 바꾸고 있었는데, 서울의 시장과는 비교할 수 없을 만큼 다채롭고 흥미로웠다. 그러니 공장에서 찍어낸 것처럼 곱게 포장된 '상품'들로만 자리를 채우고 있는 대형마트 따위는 애초에 비교 대상이 아니었다. 시시때때로 변화하며 통영 사람들의 삶을 책임지는 커다란 부엌은, 그래서 그 자체로 하나의 살아 있는 생물과도 같은 느낌이었다.

그러니 내가 알고 있는 사람들은 물론, 심지어는 생면부지의 서울 사람들에게도 측은지심이 드는 건 당연한 일이었다. 이제는 내가 '먹지 못할 것'이라 생각하는 것들을 선택할 수밖에 없는 환경에서 살아가고 있으니 말이다.

물론 전국에서 가장 좋은 것들은 모두 서울로 몰린다는 사실을 모르는 것은 아니다. 하지만 그것들은 서울에서도 아주 한정된 수의 사람들에게만 돌아간다. 많은 수의 사람들이 먹는 대부분의 식재료들은 꽤나 복잡다단한 유통 단계를 거쳐야 하고 그때마다 숨이 죽어간다. 다른 것도 마찬가지겠지만 해산물의 신선도와 맛을 유지하는 데에 적잖이 치명적인 과정들이다. 반면 통영에 내려와서야 알게 된 이런저런 생선들과 멍게, 굴, 각종 해초 등의 맛은 서울에서라면 결코 기대하기 힘든 것들이었다.

그래서 언제부터인가 오랜만에 연락을 해 와 "거기서 뭐 먹고 사냐?"고 물어오는 친구들에게 나는 "늬들보다 훨씬 좋은 거 먹고 산다"고 대답하기 시작했다. 그리고 나의 그 단언이 결코 허황된 말이 아님을 증명하기 위해, 서울에서보다 훨씬 잘 먹고 잘 살고 있다는 안부를 전하기 위해 나는 글을 쓰고 사진을 찍기 시작했다. 한반도에서 가장 풍요롭고 생명력이 넘치는 밥상을 차릴 수 있는 남해안에 대해 말이다.

*이 책 제목과 본문의 '남해' 표기는 전라도와 경상도를 아우르는 한반도의 남쪽 해안, 즉 남해안 지역을 간단히 줄여 부를 때 사용하는 말이다. 단, 여름 챕터의 '남해 마늘', '서울 부부가 추천하는 남해안 여름 여행 – 남해' 부분에 사용한 '남해'는 경상남도 남해군을 뜻한다.

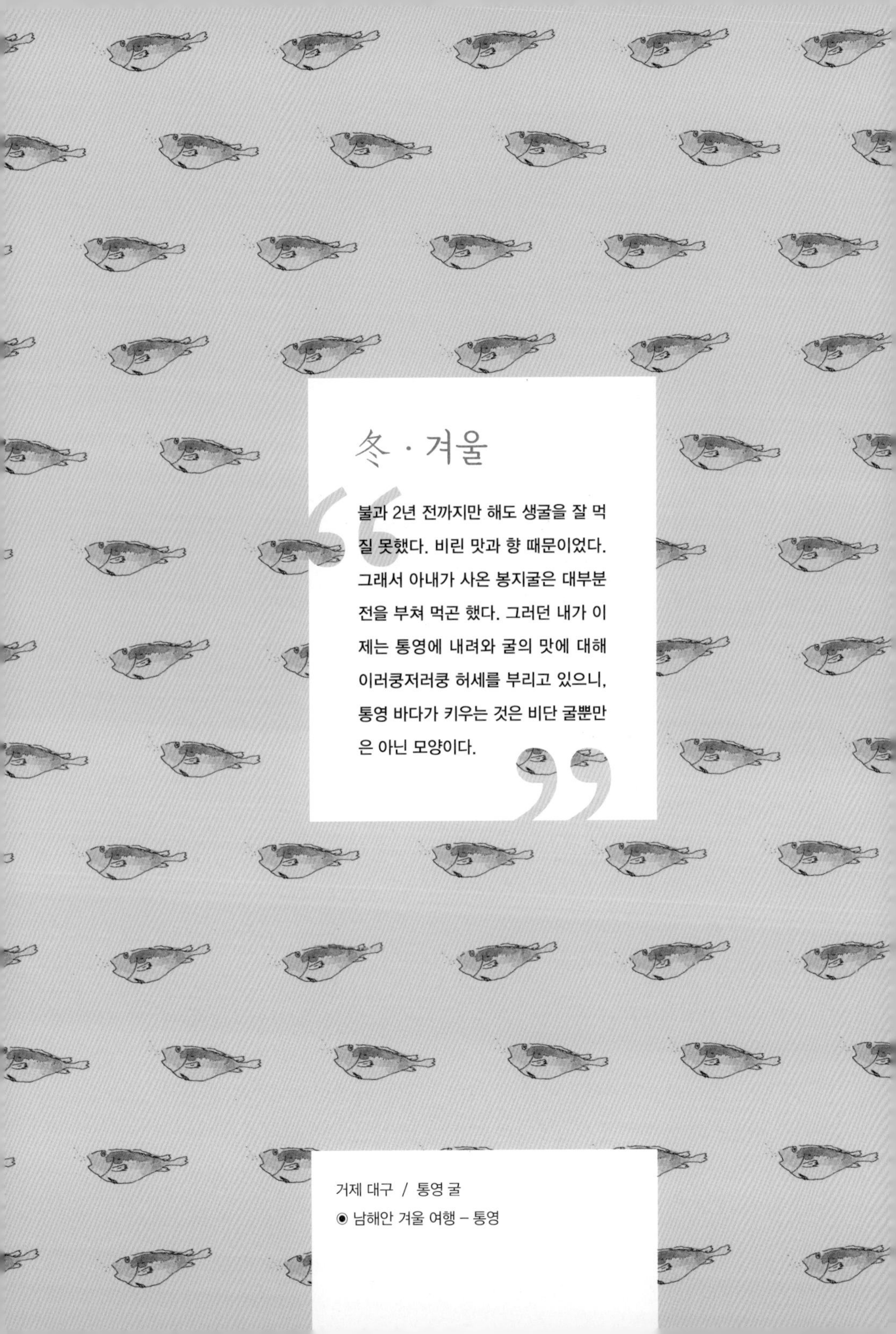

冬 · 겨울

> 불과 2년 전까지만 해도 생굴을 잘 먹질 못했다. 비린 맛과 향 때문이었다. 그래서 아내가 사온 봉지굴은 대부분 전을 부쳐 먹곤 했다. 그러던 내가 이제는 통영에 내려와 굴의 맛에 대해 이러쿵저러쿵 허세를 부리고 있으니, 통영 바다가 키우는 것은 비단 굴뿐만은 아닌 모양이다.

거제 대구 / 통영 굴
◉ 남해안 겨울 여행 – 통영

돌아온 대구 

거제 대구

통영 중앙시장은 사시사철 관광객으로 넘쳐난다. 그 대부분은 회와 건어물을 사기 위해 몰려드는데, 덕분에 주말이면 금요일 저녁 8시의 성산대교 북단이 부럽지 않은 교통체증까지 일어나 가끔은 향수병을 달랠 수 있을 정도다. 그런데 그런 곳이 오직 통영 사람들로만 북적일 때가 있으니 바로 설을 앞둔 1월 한 달 동안이다. 그때는 자연스레 시장 분위기도 바뀐다. 산에 갈 것도 아니면서 온통 등산복과 등산화로 치장한 사람들이 아니라, 서울이라면 백화점에라도 갈 법한 차림으로 생선 좌판을 여유롭게 지나다니는 50대 이상의 아주머니들이 주를 이룬다. 그러다 보니 흥정 역시 예사롭지 않다. 그야말로 진검승부다.

"도미 얼매나 합니꺼?"

"이기는 4만 원, 이기는 6만 원. 어데 쓸라꼬예?"

"명절에 쓸 긴데…… 와이리 비싸노."

"명절 앞인데 안 비싼 기 이쓰예?"

"함 보고 올랍니더."

"그리 하이소."

굉장히 '쿨'하다. 관광객들이라면 "에이 조금만 더 깎아주지!"라고 하든지 "저것도 좀 껴주면 안 되요?"라며 토를 달 텐데, 그러면 상인들도 "삼촌(혹은 아지매)! 우리는 뭐 묵고 살라꼬 그리 후리치나!"라고 밉지 않게 눈을 흘길 텐데, 그야말로 선수들끼리의 만남에서는 그런 요식행위가 모

두 필요가 없어지는 셈이었다. 그런데 이런 '쿨'한 흥정은 얼마간의 간격을 두고 똑같은 사람들끼리 몇 번이나 반복된다. 그리고 마침내 어느 순간 누가 더 받고 덜 받은 것도 없이 거래가 이뤄진다. 뭐든 빨리 해치워야 하는 사람들에게는 답답해 보일 수도 있지만, 사람과 사람 사이에 이뤄지는 모든 일에는 어느 정도 시간이 필요하다는 내 관점에서 봤을 땐, 꽤나 합리적이면서도 낭만적이다. 다만, 이런 형식미를 자랑하는 흥정이 아예 모두 생략될 때가 있으니, 바로 대구를 살 때다.

통영에서 출발, 통영으로 돌아온 대구

대구는 매년 겨울이면 남해안에 나타나는데, 통영에서 유통되는 것들은 대개 거제 외포항을 거쳐 온 것들이다. 그나마도 요 근래 들어 상대적으로 흔해진 것이지 90년대 중반에는 아예 단 한 마리도 잡히지 않은 해도 몇 번 있었다고 한다. 지금 우리가 먹는 대구는 거제에서 치어 방류 등을 통해 오랜 시간 그 숫자를 늘리기 위해 노력한 결과물인 셈이다. 물론 방류된 후 차가운 바다를 찾아 동해안을 따라 북쪽으로 향하던 중 그물에 걸려 노가리로 팔리던 '아기 대구'의 숫자도 적지 않았지만 말이다.

　때문에 전국에서도 손꼽히는 해산물 산지인 통영에서 살고 있는 사람들에게도 대구는 귀한 생선이다. 시장에 나오면, 그리고 먹고 싶다는 생각이 들면 자신이 갖고 있는 한도 내에서의 지출은 아깝게 생각하지 않는다. 다만 먹고 싶다는 생각을 여러 번 무질러야 하는 게 문제일 뿐. 나와 아내 역시 몇 번이나 고민을 한 끝에야 내가 대구라 알고 있던 생선의 두 배 크기의 대구를 한 마리 샀다. 아내는 만만치 않은 가격 때문에, 나는 삼겹살보다 비싼 생선이라는 점이 못마땅해서 망설임이 길어진 탓이었다.

　사실 나는 대구에 그리 큰 감흥을 느낀 기억이 없다. 처음 돈을 내고 사먹은 대구는 1996년 여름, 노르웨이 베르겐의 한 노점상에서 팔던 말린 대구였다. 가지고 갔던 귀한 소주의 안주로 안성맞춤이겠다 싶어 그 물가 비싼 노르웨이에서 과감히 지갑을 열었던 것인데, 질기고 딱딱하기가 나무를 씹는 것 같았다. 첫 인상이 좋지 않았는데, 불행히도 그 후로도 오랫동안 대구에 관한 좋지 않은 선입관은 계속되었다. 특히 여의도에서 아르바이트를 할 때 사무실 어른들을 따라 줄을 서 있던 대구탕집에서 경험한 '무미건조'한 맛은 대구에 대한 인상을 아주 단단히 고정시켜버렸다. 그러니 얼큰한 탕을 끓여 먹으려면 차라리 동태가 낫지 대구는 고려 대상이 아니었다. 물론 내 체력이 최고점을 찍고 하향세에 접어들면서 숙취 해소라는 생존의 문제와 맞닥뜨리자 대구의 가치를 새롭게 인식하게 되었지만, 그 맛에 비하면 너무 비싸다는 생각을 접을 수가 없었다. 하지만 통영은 전국 최고라 손꼽히는 대구 산지인 거제의 옆 동네 아닌가. 서울과 다를 것이라는 기대에 일부러 베이킹파우더를 뿌려 한껏 부풀려가며 드디어 4만 원짜리 대구를 한 마리 샀다. - 이 돈이면 2박 3일을 삼겹살만 먹을 수도 있다!

　서울에서는 볼 수 없던 압도적 크기에 놀란 채 고심에 고심을 거듭하던 아내가 고른 대구는 곧 베테랑의 손에서 간단히 해체되기 시작했다. 우리가 산 것만 해도 그야말로 굉장한 크기였는데, 그 옆으로는 그보다도 훨씬 큰 대구들이 많이 누워있었고 그 중에는 한 손으로 들기엔 벅차 보이는 것들도 있었다. 어찌나 배가 불렀는지 손가락 끝으로 조금만 눌러도 내장이 다 튀어나올 정도의 거대 대구를 어떻게 먹어야 하는지 궁금해졌다. 검색만 하면 안 나오는 게 없는 세상이지만, 이럴 때는 베테랑의 가르침이 최

겨울 한철에만 만날 수 있는 거대한 생대구는 이리가 든 수컷이
더 비싼 값에 팔린다. 한 마리 고르면 그 자리에서 아주머니가 적당한 크기로
손질해 주신다. 얼음 포장으로 택배도 가능!

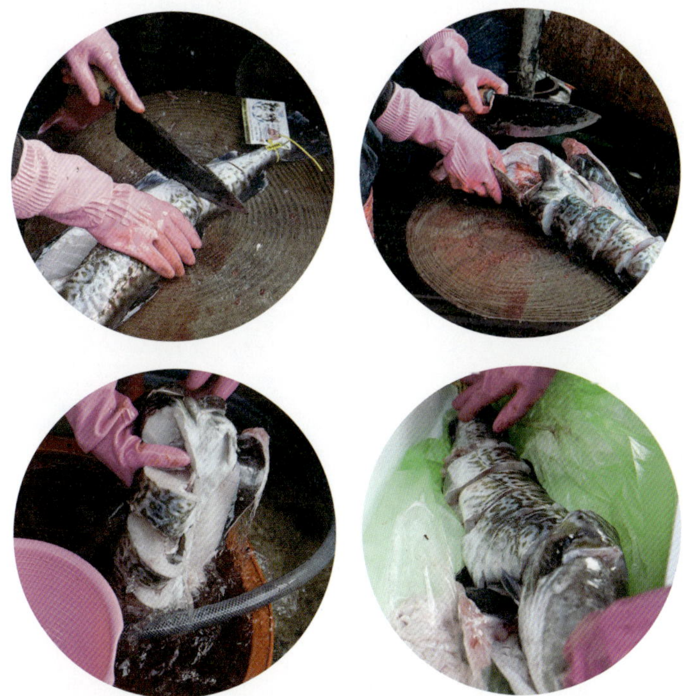

고다. 커다란 대구를 큼직한 토막으로 만들던 아주머니의 설명은 아주 간단명료했다.

"다른 기 말고 무시랑 소금이랑만 여면 된다. 무시는 첨부터 옇고 대구는 물 낄으면 옇는 기다. 쑥갓 있으마 다 낄이고 옇어야 한다."

각종 사진과 이모티콘을 곁들여 알록달록하게 꾸며놓은 친절한 블로거들의 설명과는 엄청난 거리가 있었지만, 더도 말고 덜도 말고 시장 아주머니가 알려준 그대로 끓인 대구맑은탕은 엄청나게 담백하고 시원했다. 아울러 "글고 이 이리-대구의 정소를 많은 이들이 '곤이'라 부르는데, 사실 곤이는 물고기 암컷의 알을 뜻하는 말이다. 아울러 '애'는 창자를 뜻하는 말이다-는 맨 마지막에, 딱 먹기 직전에 옇어야 맛있다"던 아주머니의 말대로, 그야말로 살짝 데친 것과 다름없는 이리는 어떤 푸딩보다 부드럽고 감미로웠다. 원래의 이리가 그런 맛이라는 걸 난 그때 처음 알았다. 우리 부부만 맛보기엔 아까울 정도였다. 그래서 서울에 계시는 부모님께도 대구를 한 마리 올려 보내 드려야겠다 생각을 하고 금요일 오후, 아내와 함

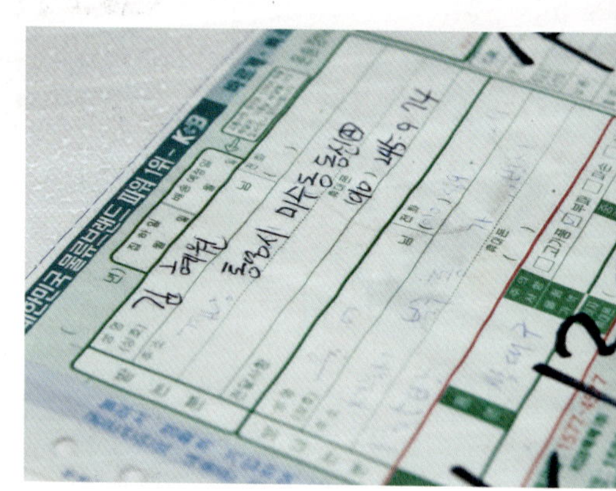

께 다시 시장에 가서 우리가 샀던 것보다 조금 더 큰 대구 한 마리를 포장해 택배로 부쳤다. 오랜만에 자식 노릇을 한 거 같아 기분이 좋았다.

그리고 다음 날인 토요일, 잠시 외출을 하고 돌아오는 길에 아내에게 전화가 왔다. 택배 배달을 왔는데 집에 있느냐는 거였다. 지금은 부재 중이니 경비실에 맡겨 달라는 얘기를 하고 전화를 끊는 아내가 갸우뚱하며 혼잣말을 했다.

"택배 올 게 없는데……."

설마 하는 맘에 집에 도착해 보니, 역시나 이상한 예감은 그대로 적중해버렸다. 시장에서 보낸 대구가 우리 아파트에 와 있었다. 그러니까, 북새통인 시장에서 급하게 주소지를 적다 보니 보내는 사람과 받는 사람을 거꾸로 기입했던 것이다. 나와 아내는 그야말로 망연자실할 수밖에 없었다. 아무리 대구가 회귀성 어종이라고는 해도, 이렇게 돌아올 건 뭐란 말인가!

게다가 대구값 외에도 택배비와 포장비는 따로 냈는데, 거기에 소요된 비용만 해도 8천 원이었다. 중앙시장에서 우리 집까지 택시를 타도 그보다는 덜 나온다. 사람이 오는 것보다 더 많은 돈을 들여 집으로 대구를 부쳤으니 커다란 스티로폼 상자를 안고 집에 들어와서도 우리는 한동안 서로 마주 보며 헛웃음만 지을 뿐이었다.

그 와중에도 '대구는 선도 유지가 가장 중요하다'는 사실을 떠올리고는 우선 먹을 것만 잘라놓고 나머지는 모두 곱게 포장해 냉동실에 넣어두었다. 그리고 오매불망 신선한 대구를 기다리고 계실 어머니께 전화를 드렸다. 아내는 절망에 휩싸여 대구찜을 하기 위해 밑준비를 하고 있었고.

"엄마, 저예요."

"어, 근데 대구가 안 온다."

"에…… 그게 우리 집으로 왔네."

뭐라 주석을 붙이고 해명을 더할 틈도 없이 어머니의 가벼운 한숨 소리가 들렸다.

"그럴 줄 알았다. 토요일 이 시각까지 안 오면 아예 안 오는 거지."

그때 수화기 너머에서 단소 소리가 들렸다. 이제 막 단소를 배우기 시작한 아버지께서 어머니의 간략한 통화를 통해 금세 내용을 파악하신 게 틀림없었다. 어머니도 어머니지만, 대구는 아버지께서 더 좋아하시는 어종이었다. 게다가 아들이 제일 싱싱한 놈으로 올려보낸다 장담을 했으니 토요일 저녁을 물 좋은 대구와 함께하시려던 아버지는 얼마나 기대에 부풀었을까. 그 빵빵한 풍선 같은 마음에서 김이 새는 소리가 단소를 통해 나오고 있었던 것이다. 생각이 거기까지 미치자, 원래도 그렇지만, 그 삐뚤빼뚤한 단소 소리가 그렇게 구슬프게 들릴 수 없었다. 내가 새벽 거제 외포항에 가서 경매 직후의 대구를 서울로 올려보내야겠다 마음먹은 이유 중 팔 할은 바로 아버지의 그 처연하기 이를 데 없는 단소 소리 때문이었다.

본고장의 위엄, 거제 외포리 대구 경매장

어둡고 구불구불한 길을 달려 외포항에 도착하니 다행히 아직 대구는 경매 전이었다. 마치 권투나 격투기 시합에서 그러하듯, 본 게임에 앞서 이뤄지는 오프닝 매치처럼 물메기를 비롯한 아귀, 쥐치 등의 잡어-평소엔 이런 어종 역시 귀한 대접을 받지만 어쨌거나 대구철에는 대구가 메인 이벤트의 주인공이다-들이 경매되고 있었는데, 이 역시도 서울에서 보지 못한 크기와 싱싱함이었다. 특히 "이뻐 뵈야 하니 뒤잡아 놔야 안 되겠나"라며 열심히 손을 놀리던 아주머니의 말처럼 아귀들의 배는 이제 막 살이 오르

기 시작한 강아지의 배만큼이나 통통하고 귀여웠다. 하지만 그렇다고 해서 모두 금세 팔리는 것도 아니었다.

경매는 미음 자를 양쪽으로 길게 잡아당긴 것처럼 생긴 커다란 수조의 한쪽 끝에서 진행되고 있었는데, 물고기가 가득 담긴 바구니는 마치 컨베이어 벨트 위에 올려놓은 것처럼 차례차례 경매사와 중간 도매인 앞으로 나아갔다. 그런데 그렇게 차례가 되었다고 해서 모두 낙찰을 받는 것도 아니었다. 이런저런 이유로 상품가치가 떨어진다 판단되는 것들은 다시 바닷물로 가득 찬 컨베이어 벨트를 몇 바퀴나 돈 후에야 '떨이'가 되어 상상도 할 수 없는 가격에 낙찰이 되었다.

그리고 마침내 대구 경매가 시작되었다. 보통은 나무 궤짝 하나에 두세 마리가 함께 담겨 있었고 개중에는 엄청난 크기 때문에 비죽하니 꼬리를 밖으로 내뺀 대구들도 많았다, 통영에서 보던 것과는 또 다른 스케일이었다. 그야말로 '본고장의 위엄'을 느끼게 해주는 대물이 적잖았던 것이다. 경매사와 중간도매인들 역시 조금 전과는 사뭇 다른 분위기였다. 바쁘고 부산스러웠으며 거기에 긴장감까지 더해졌다. 설 이후에는 자취를 감추는 대구의 특성 때문에 더욱 그러했을 것이다. 덕분에 무슨 얘기를 하는 건지 도무지 알아들을 수 없는 시끄러운 대화에 나도 모르게 집중하게 됐다. 그런데 정신없이 대구 사이를 돌아다니다가 문득 궁금해졌다. 대구는 왜 이렇게 인기가 높은 어종이 됐을까.

아마 가장 큰 이유는 그 맛 때문일 것이다. 물론 잡히는 마릿수가 적기 때문이기도 하지만 그 수가 적다고 다 비싼 것은 아니잖은가. 맛있으면서도 귀하니 비쌀 수밖에 없는 노릇. 그나마도 산지가 아니면 대구의 제대로 된 맛을 느끼기는 쉽지 않다. 내가 대구에 대해 "쓸 데 없이 비싸기만 한 생선"이라 판단한 것도, 제대로 된 대구를 먹어본 후에 깨닫게 되었지만, 바로 이와 같은 이유 때문이었다.

　대구는 선도 관리가 조금만 소홀해도 금세 특유의 냄새가 나는데, 이는 대구에 풍부한 아미노산에서 비롯된다고 한다. 서울에서 맑은탕보다 매운탕으로 더 많이 팔리는 것 역시 재료의 신선도 때문이라 생각하면 크게 틀리지 않을 것이다. 그리고 맑은탕과 매운탕은, 통영에 내려와 알게 된 사실이지만, 엄청난 차이가 있다. 특히나 대구처럼 담백한 맛을 갖고 있는 재료를 사용할 때는 더더욱 그러하다.

　최소한의 양념으로 간을 해 재료가 갖고 있는 고유의 맛을 즐기는 방식과 달리 우선 고춧가루로 미뢰를 실신시키고 그 후에 갖은 양념으로 입 안을 폭발하게 하는 방식은 애써 구한 재료의 가치를 하락시키기 마련이다. 물론 모든 음식에 해당되는 이야기는 아니다. 어떤 것은 양념 덕분에 그 맛이 마치 혓바닥을 발판 삼아 승천하는 한 마리 용과 같이 느껴지는 만화적 경험을 하는 경우도 있으니까. 그리고 그런 경우는 원재료 역시 강하고 독특한 향 혹은 맛을 갖고 있을 때에나 가능하다. 여수의 갓김치가 대표적인 사례일 것이다.

　하지만 대구는 얘기가 다르다. 아니 흰살 생선 전체가 그러하다. 희미하게 느껴질락 말락 한 맛을 제대로 즐기기 위해서는 첨가되는 부재료와 양념 역시 최소화해야 한다. 그리고 앞서 말했듯이, 그러기 위해서는 우선 산지에서 신선한 재료를 구해야 하며 그것을 먹기까지 이틀을 넘기지 말아야 한다. 그래야 맛도 좋고 건강에도 좋다. 로컬푸드의 개념은 바로 여기서 시작된다. 삶의 터전 주변에서 생산된 재료를 먹는 게 사람에게도, 지구에게도 좋다는 뜻이다. 그런 관점에서 봤을 때 나는 먹고 살기 정말 좋은 곳에서 살아가고 있는 셈이었다.

제자리를 찾아간 대구

경매가 시작된 지 삼사십 분이 지나자 수북이 쌓여 있던 대구들이 모두 저마다의 주인을 찾아 이곳저곳으로 옮겨지기 시작했다. 아까와는 달리 유찰되는 물량은 거의 없는 모양이었다. 당연한 일이었다. 귀하디귀한 대구니까. 나도 경매장을 빠져 나와 바로 앞에 있던 판매점에서 대구 한 마리를 샀다. 지난 금요일에 구입했던 것보다 훨씬 더 큰 것을 골랐지만, 가격은 통영에서 부르던 것과 같았다. 거제에서 통영까지의 운송비가 빠진 덕분이었다.

테이프를 두른 상자 위, 송장에 써넣은 주소를 재차 꼼꼼히 확인한 후에야 한숨을 돌리며 그곳에서 팔고 있는 것들을 봤다. 대구 알젓과 아가미

젓, 건대구도 한가득이었다. 젓갈이야 그렇다 쳐도 건대구는 어떻게 먹는지 궁금해졌다. 통영 시장에서도 건대구를 많이 보아왔던 터였다.

"이기요? 들 마른 기는 회 떠서 묵고 바짝 마른 기는 찢어 묵으면 된다 아임니꺼. 아니면 팔팔 낄인 물에 그냥 소금만 쳐서 국으로 무도 좋아요."

그러고 보니 남쪽에서는 대구를 회로 먹는다는 얘기도 들어봤다.

"1월 지나야 묵습니다. 지금은 산란기가 돼 뇌 활대구 유통하믄 다 불법이라꼬 걸린다 아입니꺼."

덕분에 회에 대한 호기심은 거둘 수 있었지만 꾸득꾸득 말린 건대구에 대한 궁금증은 여전하다. 하지만 올해는 참기로 했다. 돌아온 대구를 비롯해, 애초 예상했던 것보다 많은 비용을 생선에 투자했기 때문이었다. 물론 아쉽기는 하지만 참지 못할 것도 아니었다. 다음 겨울에는 또다시 커다랗고 건강한 대구들이 돌아올 테니까.

외포항에 다녀온 다음 날 어머니로부터 전화가 왔다. 이번엔 대구가 제대로 집을 찾아왔다면서. 하지만 통영 시장에서 팔던 것과 달리 손질되지 않은 채 서울로 올라가나 보니 이머니께서 그 큰 놈을 해체하시는 데에 40여 분이 소요될 정도로 꽤나 힘이 드셨다고 한다. 하지만 무와 소금, 쑥갓만 넣고 뽀얗게 우려낸 국물에 아버지께서는 오랜만에 흡족하게 진지를 드셨단다. 그렇게 큰 대구도 처음 보셨고 그렇게 신선한 대구도 처음 보셨으며 그렇게 담백한 대구도 처음 보셨다면서 아주 기분 좋아하셨다는 말씀에 새벽부터 항구로 달려갔던 일에 보람을 느낄 수 있었다. 아버지께서 감탄해 마지않으시던 '사골처럼 뽀얀 국물'의 비밀이 어머니께서 너무 일찍 투하해 끓이시다가 터져버린 이리 때문이라는 사실에 대해서는 한동안 함구하고 있어야 했지만 말이다.

굴이 익는 계절 

통영 **굴**

본격적인 이야기에 앞서 고백하거니와, 나는 경상도에 대한 좋지 않은 선입관을 갖고 있었다. 워낙에 사투리가 강하다 보니 사람들의 성격도 그리 다정하지 못하고 따라서 인심도 좋지 않을 거라 생각했던 탓이다. 그런데 막상 내려와 살아보니 그게 아니었다. 가장 큰 차이는 우선 도로에서 발견할 수 있었는데, 서울이라면 당장 경음기를 울리거나 차에서 내려 시시비비를 가리려 드는 상황에서도 통영 운전자들은 그러려니 하는 맘으로 기다려주거나 별 말 없이 피해가는 경우가 많다. 그래서 초보 운전자인 내가 직진을 하려다 좌회전 차선에 잘못 진입해 좌회전 신호를 받고도 우물쭈물하고 있으면 뒤에서 오던 차가 아무렇지도 않게 중앙선을 넘어 제 갈 길을 찾아가는 모습을 빛 번이나 경험했다. 세상에 이런 대인의 풍모를 잃지 않고 있는 곳은 차와 오토바이와 낙타와 당나귀가 뒤엉켜 있던 이집트 카이로 말고는 본 적이 없었다.

시장 역시 마찬가지였다. 주말이면, 그리고 공휴일이면 수많은 관광객들이 모여드는 통영의 시장에서 이것저것을 파는 상인들은 아무리 바보 같은 질문을 해도 모두 웃으며 받아줬다. 한 번은 아내와 함께 간 생선 가게에서 말실수를 한 적이 있었다. 갈치 길이만큼이나 큰 삼치를 보고는 깜짝 놀라 "이렇게 큰 건 어떤 사람이 어디에 쓰려고 사가요?"라고 물어야 할 걸 "이렇게 큰 게 팔리긴 팔려요?"라고 물은 것이다. 자칫 서울깍쟁이의 놀림으로 들릴 수도 있는 말이었지만, 게다가 선도가 생명인 생선이 팔리지 않을 거라는 저주(!)로 들릴 수도 있는 말이었지만 주인아주머니는 그저 웃으며 타박할 뿐이었다.

"아이고 삼촌아, 삼촌 덩치 크다꼬 장가 몬 갔나? 이리 커도 다 팔리니 걱정 말고 삼촌 묵고 자픈 거나 마이 사라!"

그때부터 나는 경남에 대해, 그리고 통영에 대해 갖고 있던 내 선입관이 잘못 돼도 크게 잘못된 거라는 사실을 인정하고 새로운 시각으로 내가 생활하고 있는 곳을 바라보기 시작했다. 아무리 봐도 통영의 인심은 특별한 데가 있다. 대규모 조선소 때문에 외지 사람이 많이 모여든 거제는 애초에 비교 대상이 아니었고 인근의 고성이나 남해, 위쪽으로는 진주에 이르기까지 통영 사람들처럼 여유로운 마음가짐을 갖고 있는 사람들이 많이 살고 있는 곳은 흔칠 않았다. 고성이나 남해에는 사람이 너무 적었고 진주는 사람이 너무 많은 탓이었을 게다. 하지만 무엇보다 큰 이유는 굴 때문이었다.

사실 사람과 그 사람들이 살고 있는 지역에 대해 단정하는 것만큼 편협하고 위험한 일도 없다. 게다가 나는 통영으로 이사 온 지 갓 1년을 넘긴 풋내기 아니던가. 그럼에도 불구하고 내가 통영의 넉넉한 인심이 바로 굴 때문이라 잘라 말할 수 있는 것은, 지극히 개인적일 수밖에 없는 경험 때문이다.

큰 굴이 맛없다고?

찬바람이 불기 시작하면 굴 철이 시작된다. 동해를 제외하면 남해와 서해, 어디서나 쉽게 볼 수 있는 굴이지만 통영 굴은 특별하다. 사실 어느 곳이나 자신이 살고 있는 지역에서 생산되는 특산물이 특별하다 생각하지 않는 사람들은 없을 것이다. 그럼에도 불구하고 '굴=통영'이라는 등식에 대해서 이의를 제기할 사람이 별로 없을 정도로 굴은 통영을 대표하고 있다. 한반도에서 소비되고 있는 굴의 70% 이상이 통영에서 생산되고 있으니 이의를 달면 오히려 이상할 지경이다. 그래서 시내를 조금만 벗어난 부락에서는 어느 곳이라 할 것도 없이 종패-굴 포자가 부착되어 성장할 수 있도록 돕는 역할을 하는 넓적한 조개껍데기로 주로 가리비를 많이 사용한다-

가 사람 키보다 높이 쌓여 있는 것을 쉽게 볼 수 있다. 그리고 한번은 그 종 패가 1월 혹은 2월의 속초에 눈이 쌓이듯 쌓여 있는 한 마을을 지나다 문득 차를 멈추고 그것들을 하나씩 살피기 시작했다. 분명 사람 손으로 했을 게 틀림없지만, 그럼에도 불구하고 마치 기계로 뀐 듯 질서정연하게 포개져 있는 가리비 껍데기에 감탄을 금치 못하다 이백여 미터 쯤 떨어져 있는 건물 하나가 눈에 들어와 무작정 그곳으로 걷기 시작했다. 이미 TV를 통해 몇 번 본 바 있지만 굴 작업장의 내부가 궁금했던 탓이다.

만약 그런 방문이 의뢰받은 일 때문이라면 애기가 달라진다. 지역의 기관과 날짜를 조율하고 인터뷰할 사람이 섭외되면 몇 가지 질의사항을 미리 준비한 후 정해진 시각에 예의바르게 찾아가곤 했던 게 그간 내가 여행작가로서, 혹은 프리랜서 취재기자로 일을 해왔던 방식이었다. 하지만 그때는 상황이 달랐다. 누구도 내게 먼저 그곳의 사정에 대한 취재를 의뢰하지도 않았거니와 고작 다리 건너에 있는 이웃 마을에 마실을 나갔던 길이었으니 번거로운 과정을 거칠 이유가 없었던 것이다. 물론 퇴짜를 맞을까 걱정이 되기도 했다. 그래서 입구에 도착해 마침 트럭에서 내리던 아저씨와 눈이 마주쳤을 때, 그리고 그 아저씨가 무슨 일 때문에 왔느냐는 질문을 눈빛으로 건넬 때는 적잖게 긴장도 됐다. 하지만 "굴은 어떻게 작업하는지 궁금해서 왔다"고 얘기를 하자 아저씨는 되묻지도 않고 무작정 나를 안으로 안내했다. 시끄러운 '뽕짝'이 높고 넓은 공간을 가득 매우고 있는 와중에 나는 굴작업장의 사모님에게 '인계'되었다.

"굴 구경 할라꼬?"

도무지 정신을 차릴 수 없는 그곳에서 사모님은 내게 더할 수 없이 당당하면서도 친근한 모습으로 "보고 싶은 거 있음 맘대로 보라"는 호의를 베푸셨다. 덕분에 불청객은 가급적 방해가 되지 않는 선에서 이곳저곳을

구경할 수 있었다. 특별한 장치를 사용하거나 기구가 비치된 곳은 아니었다. 크레인으로 바다에서 수확한 굴을 작업대 위에 올려놓으면 양 옆으로 선 아주머니들이 어떤 기계보다 빠르고 정확하게 껍질을 까고 그 안에 들어 있는 통통한 굴을 꺼내는 일의 반복이었다. 다시 사모님에게 돌아가 이 것저것 묻기 시작했다.

남해에서 알게 된 생생 정보

시장에서 배운 해산물 보관법

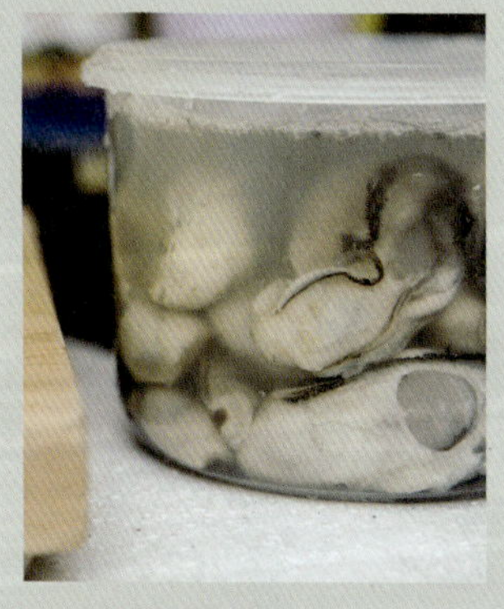

해산물은 무엇보다 선도가 생명. 하지만 이러저러한 사정 때문에 바로 먹지 못할 때도 있다. 굴의 경우, 포장 비닐에 담긴 해수와 함께 그대로 냉동실에서 얼리는 게 좋다. 먹을 때는 실온에서 자연해동을 시켜야 한다. 석화는 오래 보관하는 게 사실상 불가능하니, 구입한 것은 가급적 모두 먹도록 한다.

이렇게 해수와 함께 냉동해야 하는 것은 비단 굴 뿐이 아니다. 해수에 담겨 포장돼 있는 모든 패류는 물을 빼지 말고 그대로 냉동 보관 해야 한다. 그 외의 조개류, 그러니까 가리비나 대합, 백합 등은 해감을 시킨 후 물을 빼서 냉동시켜야 한다. 물론 먹을 만큼만 구입한 후 가급적 빠른 시간 내에 즐기는 게 가장 좋은 방법이다.

"굴 맛있는 기야 찬바람 불기 시작할 때가 제일 맛있지. 4월 지나면 슬슬 맛이 간다. 맛있는 굴? 큰 기 맛있는 기라. 바다서 나는 기 거의 다 그런데, 큰 기 맛있다. 대구처럼. 근데 웃기는 게 뭔지 아나? 서울에서는 너무 큰 굴은 싫다꼬 안 산다. 생긴 게 징그랍다꼬. 근데 그건 제대로 된 굴을 못 봐서 그런 기다. 일 키로씩 묶아논 포장굴 있다 안 하나. 그 포장굴 맹글 때 알이 굵은 건 기계를 빠져나가질 몬해서 포장 공장에서 짜잘한 것만 달라 하니 맛이 제대로 든 굴을 언제 볼 수나 있나. 그러니 서울 사람들이 제대로 된 굴맛을 우에 알겠노."

말을 마치자마자 이번에는 갓 까낸 굴을 모아놓은 수조에서 갑자기 굴을 마구 꺼내기 시작했다.

"말로만 설명을 하믄 모리지. 무 봐야 맛을 알 거 아이가."

시장에서 구입하면 못해도 1만5천 원은 줘야 됨직한 양의 굴을 들고 나를 2층으로 이끈 사모님은 구내식당을 책임지고 있는 주방장 아주머니께 "굴 구경 왔단다. 밥이랑 국이랑 해서 굴 맛 좀 뵈줘"라고 부탁을 했고 인심 좋게 생긴 주방장 아주머니께서는 이내 초장을 제조하기 시작했다. 그리하여 나는 예정에도 없던 싱싱한 밥상을 받게 되었는데, 그동안 여행을 다니며 만나게 되었던 그 어떤 따뜻한 호의보다 더 신선하고 푸짐했다. 그리고 조금 전 설명을 들었던 것처럼 큰 굴과 작은 굴의 맛 차이가 작지 않음을 똑똑히 확인할 수 있었다.

알이 굵은 놈은 입에 넣고 씹었을 때 바다향과 함께 단맛이 터져 나온다. 아무리 초장을 묻혔다 해도 숨길 수 없을 만큼 힘이 센 이 단맛은 이내 감칠맛으로 변해 날숨을 내쉴 때마다 후각까지 자극하지만, 작은 굴은 그런 강렬하면서도 복잡한 맛을 미처 품지 못한 채 바다 밖으로 끌려나온 것이다. 통영 사람들이 서해에서 나는, 이른바 '자연산 굴'에 대해 박한 평가를 내리는 것도 마찬가지 이유였다.

"굴이라는 기 플랑크톤을 묵고 사는 긴데, 물 밖으로 나와 있으면 뭘 묵 겠나. 쫄쫄 굶기밖에 더 하겠나. 그러니 알이 짜잘허이 맛이 들 틈이 없는 기라."

사모님은 혹시 남은 초장이 묻어있을지 몰라 입을 슥슥 닦아내는 내게 설명을 이어갔다.

"통영 굴이 이리 마이 생산되니 꼭 공장에서 내온 것처럼 생각하는데, 그기 잘못된 생각이라. 통영 바다에 종패 내리는 기 말고 우리가 하는 건 아무 것도 없으이 자연산이랑 다를 기 없다. 굴이라는 기 얄궂어서 수심이 쪼끔만 깊거나 바람이 마이 불거나 물살이 빨라도 자라질 않아. 그렇다고 해서 통영 바다도 다 똑같지가 않다. 우리는 통영 시내를 기준으로 서바다, 동바다를 나누는데 조선소 많은 거제랑 가까운 동바다보다는 이쪽 서바 다가 물이 훨씬 좋아서 굴도 맛있고 마이 난다. 인평, 사량, 풍화 쪽이 전부 서바다다. 근데 굴은 다 묫나? 큰 기 맛있제?"

싱싱하기 그지없던 굴과 그보다 더 신선한 굴에 대한 정보를 가득 안 고 정신없는 작업장을 나선 뒤에도 갓 까낸 굴의 향기는 내내 입안에서 맴 돌았다. 그래서 며칠 후에는 다시 시장에 굴을 사러 나섰다.

굴의 향과 맛을 제대로 즐기려면!

가족과 친구에게 부치기 위해 몇 번 굴을 구입했던 곳에 저녁 무렵 갔더니, 오전에 갖다 놓은 굴이 다 팔려 저녁 경매가 끝나는 7시 이후에나 새 굴이 들어온다 해서 핑계 김에 잠시 엉덩이를 붙였다. 그리고 또 굴에 대해 질문을 하기 시작했다. 충청도가 고향인, 그래서 통영 사람들이 아래에 놓고 본다는 '자연산 굴'을 누구보다 많이 먹으며 자랐다는 사장님은 마침 말동무가 생겨 잘됐다면서 내가 궁금해 하는 것에 대해 천천히, 하지만 정확하게 설명해주었다.

"뭐 나도 자연산 굴 많이 먹었지만 확실히 통영 굴이 나아요. 특히 요즘은 더 그렇지. 오염된 뻘이 많으니까. 그래도 통영 바다는 아직 깨끗하잖아요. 수확할 때 말고는 계속 바닷속에 있으니까 충분히 자라는 거지. 근데 이걸 서울이나 다른 대도시에서 먹으려면 문제가 되는 게, 운 나쁘면 수확한 지 나흘이 지난 상태에서 먹게 될 때도 있어요. 통영 시장에 나오는 거

자연수정(좌)이 된 굴은 전체적으로
갈색빛이 돌고 인공수정(우)이 된 굴은
흰빛이 돌며 테두리가 검다.

야 당일 작업한 것들이지만, 다른 지방으로 갈 때는 우선 하루가 걸려요. 거기서 또 경매를 거치는 경우가 있어요. 이것만 해도 벌써 이틀인데, 매장에 깔리는 데에 또 하루 잡아먹고 거기서 그날 안 팔리고 하루 더 묵게 되면 신선도는 완전히 바이바이지."

제철만 되면 어디서든 쉽게 구할 수 있는 굴이지만, 선도에 따른 맛의 변화가 심하다 보니 산지에서 먹는 게 가장 낫다는 얘기였다. 그런데 같은 곳에서 난 굴에서도 맛의 차이가 있단다.

"보통은 흰색이 나는 걸 맛있고 싱싱하다고 하는데, 잘못된 생각이에요. 노르스름한 게 맛있어요. 그리고 무엇보다 이 검은 테 보이죠? 이유야 모르겠지만, 검은색이 짙은 건 종패를 내리고 사람이 인공수정시킨 거고 이렇게 갈색이 나는 건 자연수정이 된 거예요. 어떤 게 맛있을 거 같아요? 당연히 자연수정 된 게 맛있지. 좀 이따 굴 새로 들어오면 한번 맛보게 해줄게. 이런 건 말로 해서는 모르는 거거든."

의도치 않게 또 한 번 공짜 굴을 예약한 셈이 되었다. 굴이 흔한 통영에서만 누릴 수 있는 호사였다. 그리고 나는 기왕 폐를 끼치게 된 김에 몇 가지 질문을 더 했다.

"굴이 제일 비쌀 때는 아무래도 김장철이 제일 비싸지. 그 후부터는 가격이 조금씩 떨어지는데, 3월 지나면 찾는 사람이 별로 없어요. 그래도 2월까지는 먹을 만 해요. 굴 손질법? 굴은 먹기 직전에 수돗물을 만나야 한다는 것만 잊지 않으면 되요. 민물이 닿으면 그때부터 굴은 상해요. 씻는 것도 많이 씻으면 안 돼. 체에 받쳐서 그냥 흐르는 물에 한 번 쓱 헹구고 먹어야지. 그리고 그렇게 씻은 걸 오래 두면 비린내가 심하게 나니까 바로바로 먹어야 해요."

나와 아내는 굴에 대한 다양한 설명을 듣고 통영 사람들이 귀찮아 먹

통영 중앙시장 태안수산 사장님 추천
간단 굴요리

크고 싱싱한 굴을 시장에서 구입,
요리 직전에 흐르는 물에 살짝
헹궈 물기를 빼 준비한다.

준비한 굴을 칼을 이용해 잘게
다진다. 뭉그러지지 않도록 칼을
수직으로 세워 가볍게 손질하자.

달궈신 프라이팬에 기름을 두르고
고르게 펴준다.

기름 온도가 너무 높아지기 전에
다진 마늘을 넣고 티지 않도록
볶아 향을 내준다.

손질해둔 굴을 프라이팬에 넣고 가볍게
볶아낸다. 굴 자체로 짭짤한 맛이 있어
별도의 간은 하지 않아도 된다.

접시에 담아 따끈할 때 맛있게 먹는다.
따뜻한 밥에 얹어 슥슥 비벼 먹어도
좋고, 가벼운 술 안주로도 좋다.

지 않는, 서울 촌놈들이나 신기한 맘에 사 간다는 각굴-껍질을 제거하지 않은 굴. 보통 석화라 부른다-을 사들고 와 오븐을 이용해 찜도 아니고 구이도 아닌 굴 요리를 먹었다. 이름이야 붙이질 못했지만 어쨌든 맛있었다. 신선하기 이를 데 없는 통영 굴이었으니, 당연한 일이었다.

이렇게 굴이 흔하니 통영에는 얼마나 많은 굴 전문점이 있을지 궁금해할 사람도 적지 않겠지만, 1년 내내 굴 요리만 내는 곳은 사실 많지 않다. 제철이 아닌 이상 보관된 것은 맛이 떨어지기도 할뿐더러 워낙 흔한 것이다 보니 어지간한 식당에서는 에피타이저처럼 생굴을 내놓곤 하기 때문에 일부러 돈을 내고 사먹는 경우가 흔치 않다. 그런데 손님이 찾아오면 얘기가 달라진다. 특히나 굴에 대한 기대를 갖고 오는 손님의 경우는 집에서 맞이하는 것보다 식당에 가는 게 더 낫다. 정식을 시키면 생굴부터 굴찜까지 골고루 나오니까. 게으르기 이를 데 없는 내 주변 사람들 중 그나마 부지런한 후배 한 명이 내가 통영에 내려온 지 반 년이 지나서야 여행삼아 이곳에 내려왔을 때, 그래서 우리는 굴 요리 전문점으로 갔다. 하지만 막상 그곳에서 나오는 음식들은 그리 인상적이지 않았다.

알이 큰 굴만을 사용하긴 했으나 처음 나온 생굴 표면이 말라 있는 것부터가 문제였다. 한꺼번에 많은 손님을 받다 보니 미리 씻어놓은 것일 텐데, 자연스레 식감이 떨어졌다. 향도 그 전에 작업장, 가게, 그리고 집에서 먹은 것보다 못했다. 이어 나온 굴무침과 굴전은 그럭저럭 괜찮았지만 신선한 맛을 그대로 즐기기 위한 것들은 아니었다. 급기야 그 뒤를 따라 나온 굴찜은 내가 왜 여기 앉아 있나 싶은 생각이 들게 만들었다.

서울에서 내려온 후배야 평소에 보던 것보다 훨씬 큰 굴에 그저 신이 났지만 내가 보기엔 굴 맛을 망치는 최악의 방법을 선택한 게 바로 굴찜이었다. 감칠맛은 없이 그저 맵기만 했으니 곁들여 넣은 해물과 채소는 고춧

가루 양념 속에서 이름 없이 죽어갈 따름이었다. 강한 양념을 사용하는 게 잘못됐다는 게 아니다. 양념 자체의 맛이 강하면 그것만으로도 뭔가 즐거운 기분이 들어야 하거늘. 그곳의 굴찜은 텁텁한 매운맛밖에는 선사하질 못했다. 당연히 굴 본래의 맛도 '연기처럼 가뭇없이 사라'졌다.

마지막으로 나온 굴밥은 깔끔하고 담백한 맛을 좋아하는 사람에게는 환영받을 만했으나 전체적으로 조화를 이루지 못하고 있었다. 물론 오랜만에 선배를 찾아온 후배에게 모처럼 위신을 세울 수 있는 밥상이긴 했지만 그건 어디까지나 진짜 굴 맛을 보지 못한 사람에게나 가능한 일이었다.

그러고 보니 나는 불과 2년 전까지만 해도 생굴을 잘 먹지 못했다. 비린 맛과 향 때문이었다. 아내가 사온 봉지굴로는 대부분 전을 부쳐 먹곤 했다. 그러던 내가 이제는 통영에 내려와 굴의 맛에 대해 이러쿵저러쿵 허세를 부리고 있으니, 통영 바다가 키우는 것은 비단 굴뿐만은 아닌 모양이다.

동래불사동 冬來不似冬
– 통영

통영의 겨울은 따뜻하다. 물론 상대적으로 그러하다는 얘기다. 아무리 통영이라 해도 한겨울 기온이 섭씨 10도 이상으로 올라가는 일은 별로 없다. 그런데도 이상하게 12월의 들판에는 꽃이 피고 나무는 푸릇한 채로 서 있다. 바람은 차가울지언정 햇볕은 여전히 따뜻하기 때문이다. 그래서 통영에서도 가장 볕이 좋은 당포성지에 올라서면 봄이 왔건만 봄 같지 않다는 춘래불사춘春來不似春을, 겨울이 왔건만 겨울 같지 않다는 동래불사동冬來不似冬으로 바꿔 읊조리게 된다. 아주 자연스럽게.

그렇다고 해서 겨울 통영을 반드시 '씩씩하게' 여행할 필요는 없다. 앞서 이야기한 것처럼 그나마 상대적으로 따뜻할 뿐 겨울은 겨울이니까. 더군다

나 이 책을 쓰는 시점의 직전 연도, 그러니까 2012년의 겨울처럼 혹독한 추위를 동반한 계절이라면 더더욱 몸을 사리면서 여행을 해야 한다. '겨울이기 때문에' 일반적인 코스와는 조금 다른 계획을 짜야 한다는 점도 잊지 말아야 할 테고. 그래도 케이블카는 겨울에도 빼놓지 말아야 할 요소 중 하나. 다른 계절보다 공기가 맑다 보니—다시 말해 차갑다 보니— 시야가 훨씬 넓어지고 바다도 훨씬 깊어 보인다. 바람이 차가우니 옷은 따뜻하게 입어야겠지만 우선은 바람을 막는 데에 집중을 한다면 통영보다 북쪽에 위치한 산에서보다는 훨씬 견딜 만한 추위일 것이다.

**한려수도 조망
케이블카**

● 운행시간: 동절기(10~2월) 09:30~17:00 하부탑승 마감시간 16:00

춘·추계(3, 9월) 09:30~18:00 하부탑승 마감시간 17:00

하절기(4~8월) 09:30~19:00 하부탑승 마감시간 18:00

● 휴무일: 매월 2, 4주차 월요일(공휴일인 경우 익일)

● 이용요금: 성인 9000원(편도 5500원) / 어린이 5000원(편도 3000원)

◉

미륵산에서 한려수도를 감상하고 내려오면 두 가지 길 중 한 쪽을 선택하면 된다. 케이블카 승강장을 등지고 섰을 때, 왼쪽 도남동 방향으로 내려가면 통영전통공예관을 만날 수 있고 오른쪽 봉평동 방향을 선택하면 전혁림미술관에 이르게 된다. 두 곳 모두 들러볼 만한 가치를 지니고 있는 곳이다.

통영전통공예관에는 통영의 장인들이 제작한 전통공예품들이 전시돼 있는데, 비록 전시시설은 그리 잘 단장되어 있는 편이 아니지만 그곳에서 사람을 기다리고 있는 작품들은 정말 경탄을 자아내는 수준이다. 특히나 수천만 원을 호가하는 자개장 등 큰 규모의 작품들은 저절로 '휘유~' 하는 휘파람을 불어내게 할 정도로 아름답다.

전혁림미술관은 한국 근대화의 대표작가인 전혁림 선생의 작품들을 모아 놓은 곳인데, 오직 오방색^{청, 적, 황, 백, 흑}만을 이용한 작가의 철학이 깃든 다양한 그림을 감상할 수 있다. 아울러 그가 활동하던 시대에 함께 어울렸던 예술인들의 흔적도 만날 수 있어 통영이 왜 예향이라 불리는지 그 이유를 찾을 수 있다.

통영전통공예관	● 홈페이지:	www.craft12.co.kr
	● 전화번호:	055-645-3266
	● 이용 시간:	09:00~18:00 / 하절기 08:30~18:30
	● 입장료:	무료
전혁림미술관	● 홈페이지:	www.jeonhyucklim.org
	● 전화번호:	055-645-7349
	● 이용 시간:	하절기 10:00~17:30(월, 화 휴관)
		동절기 10:00~17:00(월, 화 휴관)
	● 입장료:	무료

◉

겨울이라 해가 일찍 지는 것을 새삼스레 확인하게 되면 충렬사 쪽으로 방향을 잡는 것도 좋겠다. 이순신 장군의 충혼을 기리기 위한 곳이긴 하지만, 겨울에는 사랑에 갈급했던 한 시인의 자취를 더듬어 보기 위해 찾는 편이 좋겠다.

평안북도가 고향인 시인 백석은, 한 여인을 잊지 못해 통영까지 내려왔다. 하지만 결국에는 사랑을 잊어야만 했다. 그 심정이 어떠했을지는 그의 시에 자세히 나타나 있으니 그것을 참고하면 되겠다. 백석은 통영에 관한 세 편의 시를 남겼는데, 그 중 '통영2'가 바로 사랑해마지 않던 통영 여인 '난(蘭)'에 대한 시다.

그런데 통영을 찾은 북쪽 사람은 백석 뿐이 아니었다. 화가 이중섭 역시 피난 통에 통영에 머물렀다. 그리고 통영에서 '황소', '흰소', '달과 까마귀', '부부', '도원' 등의 대표작을 그렸고 '세병관 풍경'과 '통영 앞바다' 등의 통영 풍경을 화폭에 남겼다. 뿐만 아니라 전혁림, 유강렬^{판화가, 염색공예가}, 장윤성^{서양화가} 등과 함께 다방에서 사인전을 열기도 했다. 어쩌면 통영은 이중섭의 가장 화려한 시기가 녹아 있는 도시였을 수도 있다. 그리고 지금은 비록 쇠락한 곳이긴 하지만, 옛 선창의 흔적이 남아 있는 항남동 일대는 화가 이중섭이 그림을 그리고 사람을 만나고 술을 마시던 곳이다. 비록 이제 시인은 떠났고 화가는 흔적도 찾을 수 없지만 그들이 숨 쉬던 공기는 여전히 그곳에서 맴돌고 있음을, 쓸쓸한 겨울 항남동에서 확인할 수 있다.

충렬사
● 홈페이지: www.tycr.kr
● 전화번호: 055-645-3229
● 이용 시간: 09:00~18:00
● 입장료:　성인 1000원 / 경로 600원 / 청소년과 군인 500원
　　　　　어린이 300원 / 7세 이하 무료

통영 관광정보
● 홈페이지: utour.go.kr

◉

통영에서 하룻밤을 보내 아침을 맞이했다면, 미래사를 목적지로 삼는 게 좋다. 기대하지 않았던 편백나무숲이 있는 곳이니까. 물론 미래사는 그 자체만으로도 가치가 있는 곳이다. 근대 이후 한국 불교계의 큰 스님들이라 할 수 있는 여러 승려가 출가한 곳이다. 하지만 피안彼岸에서 살아가는 사람이야 바다와 산이 만들어낸 싱그러운, 그리고 코끝이 찡하게 아리도록 차가운 바람을 몸속으로 들이마시며 걷는 것만으로도 이미 충분히 만족스러울 따름이다.

미래사 ● 위치: 　　　경상남도 통영시 산양읍 영운리 915
　　　　　● 전화번호: 055-645-5324

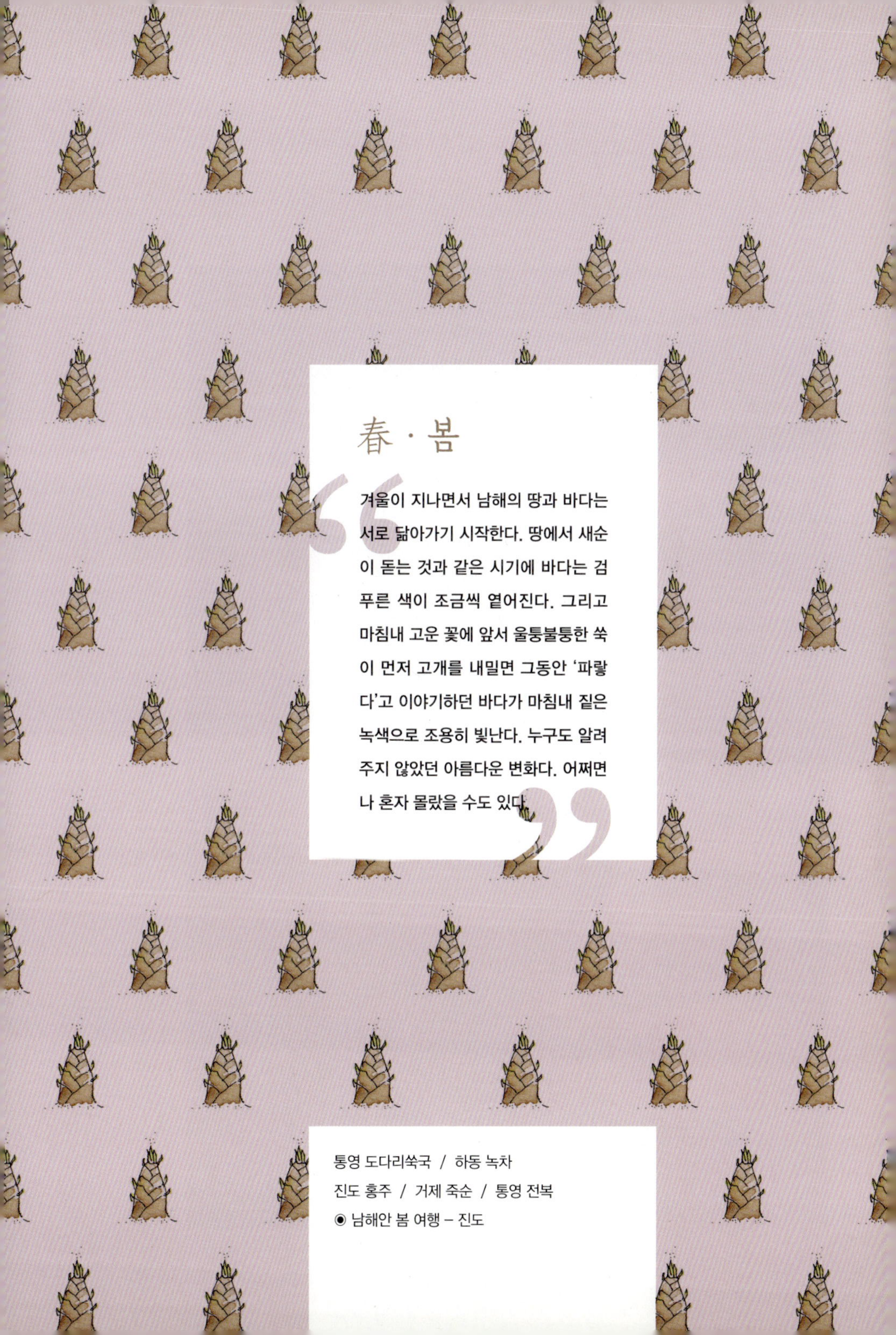

春 · 봄

겨울이 지나면서 남해의 땅과 바다는 서로 닮아가기 시작한다. 땅에서 새순이 돋는 것과 같은 시기에 바다는 검푸른 색이 조금씩 옅어진다. 그리고 마침내 고운 꽃에 앞서 울퉁불퉁한 쑥이 먼저 고개를 내밀면 그동안 '파랗다'고 이야기하던 바다가 마침내 짙은 녹색으로 조용히 빛난다. 누구도 알려주지 않았던 아름다운 변화다. 어쩌면 나 혼자 몰랐을 수도 있다.

통영 도다리쑥국 / 하동 녹차
진도 홍주 / 거제 죽순 / 통영 전복
◉ 남해안 봄 여행 – 진도

담백쌉싸름한 봄 

통영 **도다리쑥국**

겨울이 지나면서 남해의 땅과 바다는 서로 닮아가기 시작한다. 땅에서 새 순이 돋는 것과 같은 시기에 바다는 검푸른색이 조금씩 옅어진다. 그리고 마침내 고운 꽃에 앞서 울퉁불퉁한 쑥이 먼저 고개를 내밀면 그동안 '파랗다'고 이야기하던 바다가 마침내 짙은 녹색으로 조용히 빛난다. 누구도 알려주지 않았던 아름다운 변화다. 어쩌면 나 혼자 몰랐을 수도 있다. 그래서 매일 지나치는 길에서 나는 문득 멈추어 서서 한동안 감탄을 하곤 했다.

　그렇게 서울 촌놈이 도시에서는 알 수 없던 자연의 이치에 입을 벌리고 있는 사이, 이곳 통영 사람들은 1년 내내 기다리던 별미를 다시 만난 기쁨에 매일 같이 표정이 밝다. 봄볕을 다시 본 반가움과는 또 다른 성격의 얼굴이다. 견우와 직녀보다 훨씬 극적인, 아니 남의 연애사 따위와는 비교도 할 수 없을 정도로 맛있는 도다리와 쑥의 만남 때문이다.

　사실 도다리는 그리 귀한 어종이 아니었다. 외려 예전에는 광어로 속여 파는 일도 있을 정도였기에 '좌광우도 눈이 왼쪽에 있으면 광어, 오른쪽에 있으면 도다리'라는 말까지 동원해 도다리를 광어로 잘못 알고 구입하는 일을 막고자 했다. 그런데 광어가 본격 양식에 성공하면서부터, 그리고 그 대상이 무엇이 되었든 자연산이 대우받는 분위기 덕분에 도다리는 매년 봄이면 외려 광어 앞에 놓이는 귀한 몸이 되었다. 다만 그 시기가 굉장히 제한적이라는 게 문제라면 문제. 하지만 그렇기에 도다리쑥국은 더 맛있는지도 모르겠다. 가장 좋은 순간이 올 때까지 기다린 보람이 세상에 둘도 없는 조미료 역할을

하니 말이다. 그리고 이런 시기에 먼 데서 누군가 찾아와 그 맛을 함께 나
눈다면 더 없이 좋다. 마침 우리에게도 그런 손님이 찾아왔다.

봄에 온 손님

회사를 그만두는 것을 단순히 다른 곳에서 일을 하겠다는, 혹은 그 일을 그
만두겠다는 의지 표명으로만 볼 수는 없는 경우가 많다. 작거나 큰 공간에
서 맺어온 여러 인간관계 역시 사직서와 함께 새롭게 정립되기 때문이다.
길지 않은 직장 생활을 해온 나도 이런 이직의 생리에 대해 어느 정도는 알
고 있다. 그러니 졸업 직후부터 단 한 차례도 쉬지 않고 직장 생활을 이어
온 아내는 더욱 잘 알고 있는 게 당연한 일. 한 번씩 자리를 옮길 때마다 이

남해에서
알게 된
생생 정보

간단하고 시원하게
도다리쑥국 끓이는 법!

시장에서 도다리를 구입한다.
아주머니에게 "국 끓여먹을 것"이라
얘기하면 알아서 손질해 주신다.

직접 캔 어린 쑥을 찬물에 깨끗이
흔들어 씻었다. 쑥을 캐기 힘들다면
이 역시 시장에서 함께 구입한다.

넉넉한 크기의 냄비에 물을 붓고,
나박썰기 한 무를 찬물에 넣고
끓인다.

물이 끓어오르면 도다리를 넣고
짧게 끓인다. 너무 오래 끓이면
살이 단단해지니 주의할 것.

굵은소금으로 간을 한 후 쑥을
넣고 한소끔 끓어오르는 걸
확인하면 바로 불을 끈다.

요리 끝! 맛있게 먹는다. 맑은탕은
그때그때 먹을만큼만 끓여서 바로
먹어야 맛있다.

어가거나 정리해야 할 사람들과의 관계가 늘 쉽지만은 않았을 게 틀림없기도 했다. 그래서 옛 회사에서 함께 일하던 아내의 후배가 통영으로 놀러 온다는 소식을 들었을 때, 도다리쑥국을 내놓을 수 있는 계절이어서 다행이라는 생각이 들었다.

봄이니까, 그리고 통영이니까 당연한 일이겠지만 시장에서는 도다리가 좌판의 주인공이 되어 있었다. 둘러보던 중 가장 큰 것을 골라서 손질을 부탁했더니 아주머니는 손바닥보다 조금 더 큰 도다리 몇 마리도 함께 비닐 봉투에 넣어주셨다. 계절 때문이겠지만, 겨울보다 인심이 넉넉해진 느낌이었다. "그냥 무랑 쑥만 넣고 끓이면 돼요?"하고 묻는 내게 "그럼 뭐 딴 거 옇게?"라고 되묻는 담백함이야 여전했지만.

하지만 도다리쑥국은 정말 그렇게 끓인다. 맑은탕 대부분이 그러하듯 도다리쑥국 역시 알맞게 썰어놓은 무를 찬물에 넣고 끓이다 도다리와 쑥을 넣은 후 소금으로 간을 해 한소끔 더 끓이면 그것으로 끝이다. 그 이상 더할 것도 없고 뺄 것도 없다. 괜히 다른 것을 넣으면 맛을 해칠 뿐이다. 그저 도다리와 쑥이 갖고 있는 원래의 맛에 무의 감칠맛과 시원함을 더하는 것으로 이곳 통영 사람들이 사랑해마지 않는 담백쌉싸름한 맛이 완성된다. 그러니 아침잠 많은 아내가 아무 부담(!)없이 손수 국을 끓이겠다 자신했던 것이고.

정직한 한 그릇의 온기

근처 숙소에서 밤을 보낸 아내의 후배, 그리고 그의 친구가 아침 9시 무렵
에 집으로 들어섰다. 서울에서 급하게 내려오느라 미처 무언가를 준비하
지 못 했다면서 일부러 근처에 있는 편의점에 들러 손을 채워온 모습에 괜
히 웃음이 났다. 사회에서의 나이로 보자면 아직 어리다 할 수 있는 후배였
지만, 마음 씀씀이만큼은 나이보다 더 깊어졌다는 생각이 들었다. 서울에
서 알고 지내던 때와는 조금 다른 모습이었다. 시간이 흐르고 그만큼 성장
했을 것이라는 짐작을 하며 아내를 돌아보니, 이제 막 간을 보던 아내 역시
나와 같았을 표정으로 그들을 보며 웃었다.

　도다리쑥국을 처음 먹어본다는 그들은 첫술을 든 이후부터 밥상을 정
리할 때까지 계속해서 감탄을 이어갔다. 어떤 것과 비교를 해도 이렇게 담
백할 수 없다는 게 주된 내용이었다. 사실 도다리쑥국에 대해 그 이상으로
표현할 방법은 없다. 그저 달기만 할 뿐 비리지 않은 도다리와 과하지 않게
향긋한 쑥, 그리고 언제나 가장 뒤에서 모든 맛을 넉넉히 아우르는 무만 들
어갔으니 그만큼 정직할 수밖에 없는 게 바로 도다리쑥국이다.

　아내의 후배와 그 친구는 우리 집에서 한 시간 동안 머물며 이런저런
이야기를 나누다 어제 미처 돌아보지 못한 통영의 이곳저곳을 마저 둘러
보겠다며 일어섰다. 처음 집에 들어섰을 때보다 훨씬 편안하고 밝은 얼굴
들이었다. 아마 정직한 한 그릇을 먹었기 때문이 아닐까 싶었다. 특별한 기
술이나 화려한 장식, 강렬한 양념 없이 그저 있는 그대로를 서로에게 보일
수 있는 한 끼를 함께 했기 때문이 아닐까 싶었다. 이제 막 살이 오르고 순
이 돋는 도다리와 쑥의 계절에 말이다.

농담濃淡의 맛

하동 **녹차**

당연히 남쪽이라 그렇다. 다른 어느 곳보다 먼저 사방이 푸르게 변하는 것은. 심지어는 바다의 색 역시 차가운 파란색에서 따뜻한 초록으로 변한다. 과학적으로 설명하자면야 수온이 올라가고 그에 따라 플랑크톤의 개체수가 증가하면서 나타나는 자연스러운 현상이지만, 나처럼 복잡한 걸 싫어하는 사람에게는 그저 '봄이라 그렇다'는 낭만적인 감상이 훨씬 먼저 와닿는다. 아마 통영에서 첫 겨울을 보낸 스스로에 대한 대견함일 수도 있었을 게다. 서울보다야 훨씬 따뜻한 겨울이었지만 낯선 곳에서의 첫 겨울은, 그 나름대로의 매서움을 갖고 있었으니까.

그러니 나와 아내는 봄이 반가울 수밖에 없었다. 무엇보다 우리가 알고 있던 것보다 훨씬 다채로운 푸름으로 다가오는 봄이 신기했다. 하늘에서부터 시작된 푸른색은, 말 그대로 '자연스럽게' 농담의 변화가 일어나기 시작해 산과 바다에 이를 때면 그저 푸르다는 공통점만 갖고 있을 뿐 전혀 다른 색으로 변해 있었다. 재미있는 건, 이렇게 온통 봄에 둘러싸여 있으면서도 또 다른 봄이 있을 곳을 찾아 떠나고 싶어졌다는 사실이다. 오히려 서울에 있을 때보다 그런 설렘이 더 심했다. 훨씬 적은 시간을 들여 훨씬 다양한 모습을 볼 수 있는 곳에 살고 있기 때문이 아닐까 싶었다.

그리고 마침 여수에 갈 일이 생겼다. 통영과 많이 닮아 있는 그곳까지 한달음에 달리기엔 아쉬워 중간에 들러 갈 곳을 찾다가 하동에서 잠시 숨을 돌리기로 했다. 봄의 푸른른 녹차밭이 보고 싶었다. 보성에야 촬영 때문에 몇 번이나 다녀왔지만 아직 하동 녹차밭은 한 번도 경험하지 못했던 터였다.

사실 '찍사' 입장에서는 하동보다 보성이 훨씬 더 매력적이다. 이미 다양한 매체를 통해 그 이미지가 엄청나게 팔려나간 곳이고, 그래서 그곳의 사진들은 전형적일 때가 많지만 한반도 어디에서도 그런 풍경은 발견하기 힘들기에 보성 녹차밭은 매년 봄이면 하나의 상징처럼 사람들을 압도한다. 그렇다면 하동은?

고즈넉한 야생차밭에서 만난 햇차

남해고속도로를 따라 가다 다시 섬진강 줄기를 곁에 두고 달린 지 30분 정도 지나자 인적이 별로 느껴지지 않는 작은 마을에 도착했다. 이러저러한 다원, 혹은 제다들이 드문드문 자리 잡고 있는 그곳이 우리 부부 마음에 들어 동네를 한 바퀴 돌아보기로 했다.

사람보다 먼저 거기에 있었을 법 싶은 꽃들을 구경하며 빠르지 않은 속도로 걸어 원래의 자리로 다시 돌아오는 동안에도 우리 시야에 들어오는 사람은 단 한 명도 없었다. 덕분에 한가롭게 꽃구경도 하고 낮은 담장 너머를 슬쩍슬쩍 엿보는 재미도 느낄 수 있었지만 어쨌든 차를 재배하고 만드는 곳이니 차를 맛 봐야 하는데, 어디가 좋을지 짐작이 되질 않았다. 다행히 우리가 도착했을 때부터 동네에서 유일하게 사람이 있음을 알리고 있던 다기공방에서 바로 옆집이 영업 중일 거라는 얘기를 듣고 조용한 찻집의 문을 조심스레 열었다.

내 짧은 지식으로 차의 역사에 대해 이야기하는 건 누가 봐도 웃기는

모습이다. 하동이 국내에서 처음 차를 생산한 곳이고 이러저러한 전통을
갖고 있으며 이곳 차 맛은 다른 곳에 비해 이렇게 다르다고 논하는 일 역시
언어도단의 또 다른 형태일 뿐일 테니 쓸 데 없는 설명은 피하겠다. 그런
건 곡우가 되기 전 수확한 우전만 특별히 찾아 마시는 애호가들이나 사람
이 재배하는 게 아니라 자연이 키운 야생녹차가 아니면 진정한 차라 생각
하지 않는 전문가들에게 맡기는 편이 여러모로 속 편한 일이 될 테니.

　　하지만 그 조용한 찻집을 운영하는 주인아주머니에 대해서는 이야기
를 해야겠다. 기계가 아닌 사람이 만드는 모든 것은 그것을 만든 사람을 닮
아 있기 마련이니까.

보성의 그것보다 낮게 자라는 하동의 차나무들.

하지만 그래서 더 친근하게 느껴진다.

頃刻圓成無量功
威振江山度衆生

“경기도 남양주에서 시집와서 하동에서 산 게 벌써 30년 가까이 됐네. 애들은 이제 대학 다니고 있고 지금은 남편이랑 시부모님 모시고 살고 있어요.”

사투리를 쓰지 않으셨기에 원래 고향이 다른 곳인지 물었고, 주인아주머니는 가만히 웃으며 아주 짧게 대답하셨다. 그 사이에 차 주전자와 사발, 잔이 데워졌다.

“첨엔 차가 뭔지도 몰랐어요. 시집와서야 처음 봤으니까. 그래서 고생도 좀 했고.”

아내는 “피부가 이렇게 고우신데요? 고생 별로 안 하신 거 같아요”라며 놀라자 그 분은 또 다시 미소 지으셨다.

“이게 다 차 때문이에요.”

우리는 평소 차를 많이 마셨기 때문에 그랬으리라 짐작을 했지만, 사실은 그게 아니었다.

“차를 덖는 게 힘들어요. 하루 종일 뜨거운 가마솥에 고개를 파묻다시피 해가면서 덖어야 하니 땀이 많이 날 수밖에 없잖아요. 그러니 자연히 피부가 좋아졌지.”

차보다 은은한 사람의 향

첫 잔을 따라주셨다. 아마도 곡우 이후 채엽한 세작이었을 게다. 특별히 어떤 종류를 정해 주문한 게 아니라 그저 “차를 마시고 싶다”는 말에 내온 것이었으니 나와 아내는 그저 짐작을 할 뿐이었다. 차는 진했다. 처음 우려낸 것이니 당연한 일이었다. 가장 먼저 쓴맛이, 그 후에는 옅은 신맛이 뒤따랐다. 한 모금씩 넘길 때마다 입안이 까끌거리는 느낌이 드는 건 탄닌 때문이었을 것이다.

"그래도 이제는 적응이 됐죠. 차밭에서는 뭘 해야 되는지도 모르고, 치매에 걸린 시할머니 모셔야 하는 일도 감당이 안 됐었는데, 이제는 식구들 건사하면서 차 덖는 일까지 하고 있으니까."

두 번째 우린 차는 첫 번째의 것과 확연한 차이가 났다. 확연히 순해졌으며 그만큼 다양한 맛을 느낄 수 있는 여유도 생겼다. 무엇보다 차를 목 너머로 넘기고 난 후 코끝에서 맴도는 향이 좋았다.

"두 번째 차가 좋죠? 아무래도 맛이 훨씬 순해지니까. 두 번째 우린 차라고 광고하는 음료수도 있다면서요? 처음 우린 건 너무 강해요."

아주머니는 지금도 두 분의 시부모님을 모시고 계시는데 이젠 시어머니가 치매에 걸리셨단다. 그나마 시아버지께서 수발을 들고 계셔서 조금 낫긴 하지만 여전히 삶이 편하지 않으리라는 것은 누구나 짐작할 수 있는 일이었다.

"차나무 사이에 드문드문 나무를 심은 건 그늘을 지게 하려고 그러는 거예요. 햇볕이 너무 강하면 차나무가 전부 말라죽거든요."

아내는 아까 본 차밭 사이 나무들의 정체가 궁금했던 모양이다. 문득 아주머니의 그늘이 궁금해졌다.

"경상도 남자가 다 그렇죠 뭐. 무뚝뚝해요. 애교? 한 번 장난삼아 그런 적이 있었는데 '니 뭐 잘못 묵고 그러는 기가?'라고 묻더라고요. 에이구 그런 남자한테 무슨 애교야 애교는. 그래도 일은 열심히 하니까……."

그늘이 되어주는 나무는 다른 것보다 높아야 하기 때문에 쉽게 흔들리지 않아야 한다. 다시 찻잔이 차올랐다.

"얼마 전에 차 축제 할 때는 얼마나 소란스러웠는지 몰라요. 어디서들 그렇게 사람들이 몰려드는지. 5월에는 어디 쉽게 움직일 생각을 못해요. 사람들이 갖고 오는 자가용에다가 수십 명씩 실어 나르는 관광버스들에다가. 차 축제는 참가 안 했어요. 워낙에 복잡하고 시끄러워서. 우리는 한 번 맛본 분들이 계속 주문하시는 것만 팔아도 괜찮거든요.”

세 번째 잔은 상쾌함보다 부드러움이 앞섰다. 온화하고 넉넉했으며 그래서 여유로웠다. 조금은 희미해진 향을 찾으려는 자연스러운 노력도 즐거웠다. 모자람이 주는 여운의 힘 때문이었을 것이다.

이런저런 이야기를 조금 더 나누다 자리에서 일어났다. 잠시였다 생각했지만 한 시간 반이나 그곳에서 차를 마시고 이야기를 나누었다는 것을 깨닫게 된 것은 아내가 햇차를 사는 동안 시계를 보았을 때였다. 받아야 할 거스름돈 대신, 그보다 더 비싼 차를 한 통 더 받아들게 되자 왜 그렇게 시간이 빨리 갔는지 이해할 수 있었다.

나와 아내가 그 작고 조용한 찻집에서 지루할 틈 없이 짧지 않은 시간을 보낼 수 있었던 것은 계절의 변화에 따른 자연의 농담보다 훨씬 더 아름다운 차의 농담, 그리고 그와 함께 뎎은 삶의 농담 때문이었다.

술과 개의 나날 

진도 **홍주**

제목처럼 술과 개에 대한 이야기다. 재밌기로는 술 마시고 개가 된 이야기가 최고겠지만, 안타깝게도 그런 흥미진진한 이야기는 아니다. 14년 동안 함께했던 진돗개 한비와 한비의 핏줄이 시작된 진도의 전통주 홍주에 관한 이야기다. 음식에 관한 이야기를 하던 중이니 뜬금없기 이를 데 없겠지만, 나는 통영으로 이사를 결정하면서부터 꼭 진도에 다시 한번 가봐야겠다는 마음을 먹고 있었다. 통영에서 출발하는 것이나 서울에서 출발하는 것이나 진도에 닿기까지 소요되는 시간이 거의 비슷하다는 것을 알았음에도 불구하고 말이다. 어쨌든 너른 남해 바다의 품에 함께 속해 있는 곳이었으니까.

기회는 우연찮게 찾아왔다. 촬영 때문에 아내와 함께 찾아가야 했던 여수에서의 일정이 어긋나는 바람에 하루 하고도 반나절의 여유 아닌 여유가 생겼다. 그동안 내가 하도 진도, 진도 노래를 불러왔던 터라 우리는 별 고민 없이 강진을 거쳐 진도로 향하는 길을 잡았다. 가장 먼저 보고 싶은 것은 물론 진돗개들이었다.

진돗개에 대한 진한 그리움으로 시작된 여행

우리 가족이 키우던 한비는 내가 고등학생이던 시절 우리 집에 왔다. 아주

좁은 시멘트 마당밖에 없는 집이었던 터라 개를 키우고 싶다는 나와 동생의 바람은 번번이 무산되기 일쑤였지만, 어머니 혼자 집에 계시던 어느 날 옆집에 도둑이 들었던 사건을 계기로 아버지는 태어난 지 이제 넉 달이 된 진돗개를 한 마리 데리고 오셨다. 동생은 옥편을 뒤적이며 클 한(瀚) 날 비(飛)를 찾아내 한비라는 웅대한 이름을 지어주었고 얼마 후부터는 마당이 아니라 집 안에서 함께 생활하게 되었다.

진돗개는 항상 밖에서 배변을 하는데, 그 사실을 모르고 있던 우리 가족 때문에 한비는 항상 배변을 참아오다가 요도에 결석이 생겨 수술을 해야 했고 수술자국이 아물 때까지 함부로 짖지 못하게 하기 위해 방에 가둬 놓다시피 했다. 그러다 보니 집 안 생활에 익숙해졌고 실밥을 모두 제거하고 난 뒤에도 마당으로 돌아갈 생각을 하지 않았다.

그렇게 같은 생활공간에서 살아가다 보니 15킬로그램 정도 나가는 중형견이 애완견이 되어버렸다. 밥 먹을 때도 식구들 틈에 껴서 밥상의 가장자리에 앉아 있었고 잠을 잘 때는 마음에 내키는 방에 들어가 사람들과 함께 잠을 잤다. 여름이 돼 에어컨을 틀면 가장 바람이 잘 드는 곳에 누워 있었고 겨울이 와 난방을 하면 가장 따뜻한 곳을 찾아 뱀이 똬리를 틀 듯 엎드려 있었다. 물론 똑똑하기도 했다. 한 번도 본 적이 없는 사람이 오면 처음엔 무섭게 짖어대다가 식구 중 누군가가 그 사람을 알아보면 그 순간부터 조용히 입을 다물고 손님에게 다가가 배를 까뒤집고 누워 쓰다듬어 달라는 시늉을 하곤 했다.

하지만 한비 때문에 불편한 점도 적지는 않았다. 털갈이 때면 덤불처럼 굴러다니는 털뭉치는 차치하더라도, 무엇보다 아침저녁으로 매일 배변운동을 나가야 했던 게 그랬다. 수술을 한 이후 단 하루도 거르지 않고 매일 새벽과 저녁이면 한비는 목줄을 묶고 밖으로 나갔다. 비가 얼마나 많이 내리고 기온이 얼마나 내려가든 아무 문제가 되지 않았다. 중요한 것은 한비를 운동시켰느냐 안 시켰느냐는 것이었다. 학교 앞에서 친구들과 술을 마시다가도 아버지가 예정에 없는 야근을 하게 되셨다는 전화를 받게 되면 "집에 가서 개 똥 좀 뉘이고 올게"라는 말과 함께 지하철을 타고 집에와 한비를 운동시키고 다시 학교 앞으로 달려간 경우도 적지 않았다.

오랫동안 개를 키워본 사람이라면 알겠지만, 14년 동안 한비와 함께했던 일들을 필설로 모두 풀어내는 것은 불가능하다. 그래서 진도 초입에 위치한 진돗개 사업소에 도착했을 때 나는 설레는 한편 벌써 5년 전에 곁을 떠난 한비가 떠올라 슬프기도 했다.

곧 새로 개관할 진돗개 홍보관 옆에 있는 진돗개 사업소는 진도군에서

직접 운영하는 곳. 순수 혈통의 진돗개를 보호하고 그 핏줄을 이어가는 데에 목적을 두고 있는데, 앞마당에는 이제 막 젖을 뗀 새끼들을 풀어놓고 방문객들이 마음껏 만지거나 함께 놀 수 있게 해두었다. 나와 아내가 그곳을 찾았을 때 만날 수 있었던 아이들은 생후 80일 정도가 된, 사람으로 치면 초등학생 정도의 강아지들이었다. 때문에 귀여우면서도 종잡을 수가 없었고 부산스러웠다. 작은 것에도 호기심을 보였고 이제 막 이빨이 자랄 시기였던 터라 새로운 것이라면 우선 물고 늘어지려는 습성 때문에 특히 부드러운 소재의 옷과 가방을 갖고 있던 아내는 습격 아닌 습격을 당해야 했다. 나 역시 풀어진 신발끈을 몇 번이나 고쳐 묶어야 했지만 아직 뼈가 다 자라지 않아 말랑말랑한 아이들을 품에 안는 느낌이 그렇게 좋을 수가 없었다. 그런데 한쪽에는 다 큰 성견 한 마리가 끄는 수레가 보였다. 사람을 태우고 마당을 한 바퀴 도는 게 정해진 코스였는데, 어느 무더운 여름날 에어컨 바람을 쐬며 낮잠을 자고 있던 한비를 보고 계시던 어머니께서 "저놈한테 수레 하나 묶어서 시장만 갈 수 있어도 밥값은 할 텐데……"라며 혀를 차시던 모습이 문득 떠올랐다. 물론 수레를 구하는 것도 요원한 일이었지만 "왜 개를 힘들게 해?"라며 진지하게 만류하셨을 아버지 때문에라도 이루어질 수 없는 바람이었다.

앞마당 위쪽에는 성견들이 전시되어 있었는데, 여기서부터는 개들의 특징이 참 여실히도 드러난다. 마치 사람마다 성격이 다르듯 낯선 이의 방문을 보고 무조건 짖고 보는 놈도 있었고 반가워 꼬리를 치는 녀석도 있었으며 우아하게 두 발로 서서 우리를 그윽한 눈길로 바라보던 진돗개도 있었다. 오랜만의 방문이었기에, 그래서 그렇게 많은 진돗개를 본 것도 몇 년만이었기에 반갑기 이를 데 없었지만 내가 한비에 대해 갖고 있는 그리움이 해소되지는 않았다. 모두 좋은 진돗개들이었던 것은 분명하다. 하지만

그 녀석들은 한비가 아니었다. 그러니 그곳을 떠날 때 느꼈던 정체불명의 상실감에 나는 당황스러울 수밖에 없었다.

진도에서 다시 만나야 할 게 진돗개만은 아니었다. 홍주 역시 내가 다시 찾아보고 싶은 대상이었다. 7년인가 8년 전 처음 진도에 왔을 때 한 번 마셔본 후 내내 잊지 못하던 그 술, 홍주.

몇 안 되는 진짜 소주, 홍주

홍주는 말 그대로 붉은 술이다. 제조 방법은 전통적인 소주의 제조법과 크게 다를 게 없지만 제조 과정 중 마지막에 복통, 해열, 해독 등에 효능이 있다는 지초에 거른다는 게 특징이다. 여기서 잠시 여러 술의 제조법을 짚어보는 것도 좋겠다.

한국에서 가장 흔하게 마시는 술은 소주와 맥주. 그밖에 막걸리와 위스키도 익숙할 텐데, 만드는 법으로 보자면 막걸리, 청주, 소주가 한 핏줄이고 맥주와 위스키가 같은 뿌리라 할 수 있다. 고두밥(술이나 식혜를 만들기 위해 고들고들하게 지은 밥)을 지은 후 누룩을 첨가해 발효시켜 처음 만들어지는 것이 막걸리, 거기에 용수(싸리 등으로 만드는 둥글고 긴 통. 술이나 장을 거를 때 사용)를 박아 맑은 부분만을 떠내면 청주이고 이 청주를 증류한 것이 소주다.

맥주와 위스키는 맥아(보리싹)를 틔워 그것을 잘게 분쇄한 뒤 맥아에서 분리된 당분을 뜨거운 물과 섞어 맥아즙을 만드는 과정까지는 동일하다. 이후 차가워진 맥아즙에 맥주효모를 첨가해 일정 기간 숙성시키면 맥주가 되고 맥아즙에 다른 효모를 넣고 발효시켜 증류한 후 숙성시키면 위스키가 된다.

그런데 한국에는 이제 진정한 소주가 별로 남지 않았다. 매일 만나게 되는 소주 광고는 뭐냐 묻겠지만 그건 모두 희석식 소주다. 다시 말해 물을 섞어 도수를 낮춘 술이란 뜻인데, 물을 섞기 전의 주정酒精을 만드는 원료가 원래의 소주와는 큰 차이가 있다.

알코올을 만들기 위해서는 발효가 필요하고 발효를 위해서는 효모가 무엇인가를 먹어야 하는데, 이때 필요한 것이 바로 전분이다. 전통적인 소주를 제조할 때는 쌀의 전분을 사용했지만 지금의 대량생산 소주는 동남아에서 많이 생산되고 있는 값싼 타피오카를 주원료로 사용한다. 그런데 이 타피오카가 원래 무슨 맛인지 아는 사람은 그리 많지 않을 것이다. 나 역시 그러하다. 감자와 비슷하다니 무미무취일 것이라 상상만 할 뿐이다.

어쨌든 이렇게 가장 싼 전분 재료를 이용해 만든 95도짜리 주정에 물과 각종 화학감미료를 섞어 만든 게 요즘의 소주다. 소주燒酎의 의미가 '불타는 독한 술'이라는 사실에 비추어 보면 참으로 부끄럽기 이를 데 없다. 다시 말해 안동의 안동소주, 평안도에서 시작된 문배주, 전주에서 제조하고 있는 이강주, 진도에서만 생산되는 홍주 등을 제외하면 진짜 소주라 불릴 수 있는 술은 거의 없는 셈이다.

내가 이렇게 술에 대해 긴 사설을 주절거린 것은 술이야말로 그곳에서 살고 있는 사람들의 문화를 잘 드러내는 지표이기 때문이다. 각 나라마다 대표적인 술을 하나씩 꼽을 수 있는데, 그 대부분은 공정이 현대화되었을지언정 사용하는 원료와 만드는 과정은 크게 변하지 않았다. 하지만 한국의 소주는 원래의 모습에서 크게 왜곡되었다. 불행한 일이기도 하지만, 무엇보다 앞으론 지양되어야 할 일이기도 하다. 모든 음식과 술은 서로 상생 관계이기 때문에 이 둘을 떼어놓고 볼 수 없는 노릇인데, 만약 술이 계속해서 인공적인 맛만 추구한다면 우리의 음식 역시 그렇게 변모할 수밖에 없기 때문이다.

물론 나 역시 이십대에는 그저 싸고 적게 먹어도 쉽게 술기운이 올라오는 술이 최고라 생각하기도 했다. 술자리에 늦으면 벌주로 소주 한 병을 숨도 쉬지 않고 '원샷'을 하고 일주일에 한 번은 오전 11시부터 밤 11시까지 쉬지 않고 술을 마시던 시절이었으니까. 그런데 사회생활을 시작하고 일 때문에 도착한 진도에서 참으로 놀라운 경험을 하게 됐다. 동행했던 사진가와 함께 삼겹살집에 갔다가 냉장고에 진열된 붉은 술병을 보고 "저것이 바로 말로만 듣던 홍주!"라며 흥분해서 소주를 마시듯 한 병을 금세 비운 후 "어, 이거 괜찮네?" 하고는 연거푸 두어 병을 더 시켜 마셨다. 그렇게 독한 술을 쉬지 않고 마셨음에도 불구하고 나는 '개'가 되지는 않았다. 다행히 술에 대한 기억도 남아 있었다. 그렇게 잘 넘어가는 술도 처음이었을 뿐더러 그렇게 깨끗하게 잠으로 이끄는 술도 처음이었으며 비교적 온전하게 다음 날 아침을 맞이하게 한 술도 처음이었다. 집에 선물로 들어오던 양주를 혼자 홀짝거리거나 배낭여행을 가서 현지의 특이한 술을 몇 번 경험할 기회가 있었지만 그렇게 신기하게 들어가고 신기하게 말끔한 술은 접한 일이 없었다.

그 후 서울로 돌아와 몇 번씩 홍주가 문득문득 떠오르기도 했지만, 그래서 전통주는 다른 주류와 달리 인터넷으로도 구입할 수 있다는 사실도 알게 됐지만 그런 방법으로 홍주와 재회하는 건 어딘지 모르게 요즘 소주처럼 재미없는 일이라는 생각이 들어 다시 진도를 찾게 되는 날까지 기다리고 있었던 것이다.

이번에 내가 홍주를 구입한 곳은 한 민박집이었다. 시중에서 판매되는 것보다는 싼 가격이었다. 그리고 그것을 개봉한 것은 집으로 돌아온 지 나흘째 되는 날이었다. 진도에서의 사진을 정리하다가 진돗개 사업소에서

만났던 강아지들을 다시 보게 되었고 이윽고 당연한 수순처럼 한비의 예
전 모습이 떠올랐다. 오랫동안 일부러 들춰보지 않았던 '한비' 폴더를 클
릭하자 오랫동안 잊고 있던 느낌들이 살아났다. 온기가 느껴지는 생명을
품에 안았을 때의 따뜻함과 품을 빠져나가려 꿈틀거리는 움직임을 일부
러 모른 체 하며 안고 있는 팔에 힘을 줄 때의 재미, 그 와중에 콧속으로 스
며드는 '내가 키우는 개'의 정다운 체취. 그런 것들이 한순간에 떠오른 것
이다. 아련하면서도 서글픈 순간이었다. 그래서 책상 옆에 두었던 홍주를
집어 들고 마개를 열었다.

　홍주의 향은 알싸했다. 그것을 깊게 들이마시고 40도짜리 홍주를 조금
입안에 머금었다. 강한 알코올이 입안에 퍼지는 것과 함께 처음보다 훨씬
강렬한 향이 날숨이 되어 나왔다. 순간적으로 정신이 번쩍 들 정도로 짜릿
했지만 거슬리지는 않았다. 그것을 목으로 넘기자 금세 알코올이 번지는
게 느껴졌다. '하아'하고 한숨을 내쉬는 동안 인공적이거나 부자연스러운
기운은 전혀 느껴지지 않았다. 정말 오랜만이었기에 그 붉은 향이 반가웠
다. 하지만 홍주의 맛과 향이 아무리 훌륭하고 반가웠다 하더라도 10대 후
반부터 30대 초반까지, 14년을 함께했던 한비에 대한 기억이 사라지지는
않았다. 하긴 그렇게 사라질 기억이었다면 애초에 슬플 일도 없었을 것이
다. 굳이 진도를 가지도 않았을 것이고. 무엇보다 혼자 책상 앞에 앉아 모
니터를 마주 보며 독한 홍주를 마시지도 않았을 것이다. 그래서 한동안 나
는 멍하니 앉아 작은 병에 담긴 홍주를 아주 조금씩 입안에 머금다가 삼키
기를 반복할 뿐이었다.

**남해에서
알게 된
생생 정보**

걷기 좋은 남해의 길

진도 운림산방

조선 후기 남종화의 대가인 허유가
머물던 화실. 잘 단장해놓은 정원
과 배후의 나지막한 야산이 만들어
내는 운치가 좋다.

통영 충무교

벚꽃이 필 무렵만이라도 충무교를
걸어서 건너보자. 충무교부터 전혁
림미술관까지, 대략 30여 분 동안
벚꽃이 머리 위에 떠다니는 장면을
목격할 수 있다. 벚꽃철이 아니라
면 해질녘 충무교에 올라 보길 권
한다. 일몰 속 통영 대교와 통영 운
하 풍경이 근사하다.

순천 순천만

광활한 갈대밭 사이를 걷는 여유를
누릴 수 있다. 물론 입장료를 내고
들어가는 방법도 있지만, 이 책을
쓰는 시점에서는 여전히 포장이 되
지 않은 둑길로 향하는 길은 무료
다. 순천만 주차장에서 입구를 바
라봤을 때 오른편으로 펼쳐진 비포
장도로가 바로 그곳이다.

은밀한 향기의 맛 

거제 **죽순**

거제는 꽤 큰 섬이다. 물론 거제 옆 동네 통영으로 이사를 오기 전에도 국내에서 두 번째로 큰 섬이라는 사실은 알고 있었다. 하지만 직접 여기저기를 돌아다니며 느끼는 감상은, 문자로만 이루어진 문장 몇 줄로 전해지는 것과 큰 차이가 있을 수밖에 없었다. 특히나 거제에서 나고 자란, 그리고 지금도 거제에서 살고 있는 한 지인의 "예전에 PC 통신하던 시절에 거제에 살고 있다고 하니 같은 채팅실에 있던 사람 중 하나가 '축구하다 공이 바다에 빠질 수도 있겠다'는 얘기를 해서 분개한 적이 있다"는 말을 십분 공감하고도 남을 정도다.

아무튼 이 정도 규모가 되는 곳이다 보니 생산되는 작물 역시 다양하다. 그 중 대표적인 게 포도와 표고버섯, 유자 등. 그리고 또 한 가지가 바로 죽순이다. 사실 죽순이라고 하면 가장 먼저 떠오르는 곳은 담양이었다. 워낙에 대나무가 유명한 고장이니까. 그래서 거제에서 죽순이 난다는 얘기를 들었을 때, 그리고 예전에는 작지 않은 규모의 죽순 통조림 가공 공장까지 있었다는 얘기를 들었을 때는 그 사실을 금방 납득할 수가 없었다. 이러저러한 일 때문에 거제를 오가는 동안 한 번도 죽림을 본 적이 없었기 때문이다. 그런데 그건 내가 대나무숲을 피해(?) 다녔기 때문이었다. 보통은 거제 시내에 가거나 거가대교를 이용하기 위해 고현에서 동쪽으로 방향을 잡는 게 일반적이었기에 맹종죽이 자라고 있는 하청면으로는 갈 일이 없었던 게다. 그렇다고 해서 아주 먼 곳도 아니었다. 집에서 출발하면 대략

한 시간 정도. 서울에서라면 겨우 편도 출퇴근길에 소요되는 시간이었기
에 나와 아내는 직접 죽순을 캐는 상상을 하며 5월 초를 기다렸다. 그러나
결국 우리가 맹종죽 군락지로 향한 것은 6월이 가까워지던 어느 주말이었
다. 여리고 향이 좋은 죽순의 채취가 모두 끝난.

　5월에는 여러 일이 있었다. 무엇보다 먼저 이사를 해야 했으며 그 와중
에 여수와 구례에도 다녀와야 했다. 전혀 예상하지 못했던 일들이었기에
우리는 매주 바쁜 주말을 보낼 수밖에 없었다. 그러니 죽순이 없는 대밭에
가서도 누굴 혹은 무엇을 원망할 마음은 생기지 않았다. 외려 지금이라도
올 수 있게 돼 다행이라는 생각이 앞섰을 뿐.

바다가 보이는 거제 맹종죽 테마파크

맹종죽이 자라고 있는, 지금은 아예 맹종죽 테마파크라는 이름으로 단장된 대밭은 규모가 꽤나 있는 곳이었다. 물론 전국적으로 유명세를 얻고 있는 담양의 죽녹원에 비하자면 그리 큰 규모는 아닐 수 있었지만 어쨌든 집에서 멀지 않은 곳에 온통 대나무만 들어찬 산이 있다는 건 꽤 기분이 좋은 일이었다. 매표소까지 올라가는 길이 이상할 정도로 급한 경사를 이루고 있는 게 조금 의아하긴 했지만.

맹종죽은 대나무의 한 종류인데, 많은 수의 작물이 그러하듯 전설을 한 가지 갖고 있다. 중국 삼국시대에 살던 맹종이라는 한 효자가 오랫동안 병을 앓던 어머니를 위해 한겨울에 눈 쌓인 대밭에서 눈물을 흘리며 죽순을 찾던 중, 효심에 감동한 하늘이 그가 눈물을 흘린 자리에 죽순을 돋게 만들어줬고 그것으로 죽을 끓여 어머니를 구완하자 그동안 앓고 있던 병도 씻은 듯 나았다는 이야기다. 사실 중국만 아니라 동북아시아 어느 나라에나 어울릴 법한 이야기다. 한국의 경우에는 '내 다리 내놔'로 변형되어 좀 더 극적이고 스릴 넘치는 이야기로 간담을 서늘하게 만들지만 말이다.

어쨌든 맹종의 이야기에서도 알 수 있듯 이 대나무의 원산지는 중국이었다. 그러던 것이 일본으로 옮겨져 재배되었고 한국의 누군가가 일본에서부터 이식해 거제에서 재배하기 시작했단다. 한국에서 자라고 있는 왕죽, 분죽, 오죽 등에 비해 죽순의 모양이 좋기 때문일 것이다. 게다가 가장 먼저 수확되기 때문에 봄 소식을 전할 때 혹은 대밭을 소개할 때 가장 많이 노출시키는 것 역시 맹종죽이었다. 하지만 맹종죽의 전성기는 그리 길지 않았다. 중국과 수교를 체결하고 무역이 자유로워지면서 값싼 중국산이 밀려들었다. 거제의 죽순 통조림 공장 역시 이런 이유 때문에 문을 닫았다.

그러니 흔치 않게 접하게 되는 죽순의 맛은 모두 신선하지 못한 것일 수밖에 없었다. 수 년 전 담양에서 업무 차 죽순요리 풀코스를 배가 터지게 먹었던 내 입장에서는 그러한 '인스턴트 죽순'이 마뜩찮았던 게 당연한 일. 게다가 죽순은 향으로 먹는 것이기에 기계적 가공을 거친 것들은 원래의 가치를 잃을 수밖에 없다. 미묘하고 오묘한 그 푸른 향은 결코 깡통 속에 담길 성질의 것이 아니다. 그러니 내 관심은, 아직 좀 더 성장해야 할 여지가 많이 보이는 테마파크보다는 인근에서 판매하는 죽순에 더 많이 쏠려 있었다.

신선한 푸른 향의 죽순, 제대로 즐기는 법

"죽순이 얼마나 빨리 자라냐면, 땅에서 캔 것도 그대로 두면 계속 커요. 그러면 맛이 떨어지지. 그래서 바로 삶아야 하는데, 이걸 대량으로 처리하는 데에서는 대용량 찜기에 넣고 찌거든요. 그러면 떫은맛이 안 빠져요. 펄펄 끓는 물에 넣고 삶아야지. 그래야 단맛만 남거든."

테마파크 바로 앞에 위치한 농장에서는 이미 죽순 수확이 끝났기 때문에 죽순 캐기 체험은 할 수 없고 포장해놓은 죽순만을 판매하고 있었다. 그것들은 모두 마당에 걸어놓은 가마솥에서 푹 삶은 거란다. 그렇다면 그런 죽순은 어떻게 먹는 게 좋을까?

"생선 조릴 때 같이 넣어 먹어도 좋고 고기를 찔 때 넣어도 좋고 튀김에 곁들이는 것도 좋고. 죽순이야 어떻게 먹든 맛있으니까."

자신감 넘치는 모습으로 설명하는 아주머니로부터 죽순 1킬로그램을 9천 원에 샀다. 우선은 닭볶음탕-난 이 근본 없는 '볶음탕'이라는 말을 굉

장히 싫어한다. 볶음이면 볶음이고 탕이면 탕이지 볶음탕은 어느 나라의 요리법이란 말인가. 닭도리탕의 '도리'라는 말이 일본어 도리とり에서 유래했기 때문에 닭볶음탕이 맞다는 국립국어원의 준엄한 가르침이 있었지만, 그렇다면 윗도리와 아랫도리는 윗새, 아랫새란 말인가. 나는 그동안 새를 입고 생활을 했다는 말인가?! 왜 도리가 '조각'이라는 의미를 갖고 있다는 사실에는 주목하지 않는지 이유를 모르겠다-에 넣어 먹어볼 요량이었다.

죽순 닭볶음탕을 만드는 방법은 굉장히 쉽다. 일반적인 닭볶음탕에 죽
순을 넣어주기만 하면 끝이니까. 그렇다고 해서 매콤한 닭볶음탕이 갑자
기 대지의 향기와 봄의 기운을 가득 담은 요리로 재탄생하는 것은 아니다.
다만 평소보다는 담백해진다. 무엇보다 고기와 함께 먹는 죽순의 향이 좋
다. 보통 닭볶음탕에는 감자와 당근, 양파 등이 들어가기 때문에 닭이 아닌
채소를 먹어도 퍽퍽한 기운이 입안에서 사라지지 않지만 죽순의 향긋한
향은 무거워진 혀를 되살리는 데에 더 없이 좋은 역할을 한다. 그러니 아무

일반적인 것보다 담백한 죽순 닭볶음탕. 죽순만큼
향긋한 조미료도 없다. 요리에 죽순을 넣을 때는 다른 재료들이
어느 정도 익은 후에 넣어야 그 향이 살아 있다.

런 손질도 하지 않고 먹기 좋게 잘라놓은 죽순을 조금 묽게 만든 간장에 찍어먹으면 그 향이 훨씬 더 좋을 수밖에 없다.

하지만 죽순의 향을 가장 잘 즐길 수 있는 요리를 꼽자면 단연 된장찌개다. 된장 역시 향이 강한 재료이기 때문에 죽순이 묻힐 수밖에 없지 않겠느냐 생각하기 쉽지만, 의외로 죽순과 된장은 굉장히 잘 어울리는 파트너다. 된장 특유의 진한 내음에 지지 않고 청명한 향을 내는 국물은 의외라는 생각밖에 들지 않을 정도. 텁텁한 맛 때문에 된장찌개를 싫어하는 사람일지라도 죽순을 넣어 먹는다면 분명히 얘기가 달라질 것이다. 과학적으로야 어떤 작용을 하는지 내가 알 길이 없지만 죽순과 함께 끓인 된장찌개는 훨씬 맑은 맛이 난다. 하지만 고추장과의 만남은 가급적이면 피하는 게 좋다고 생각한다. 물론 고추장 자체는 강한 향을 갖고 있지 않지만 그것을 먹음으로써 발생하는 통증―매운맛은 통증이다―이 죽순향을 감상하려는 후각까지 마비시키기 쉬우니까. 그러니 괜히 죽순에 고추장 양념을 범벅해, 아니 그것으로도 모자라 마늘에 쪽파에 양파, 미나리까지 넣어 만드는 회무침 따위는 죽순의 진짜 맛을 느끼는 것을 방해하는 요리법일 수밖에.

죽순 덕분에 며칠 동안 나와 아내는 향기로운 밥상을 즐길 수 있었다. 우리가 죽순을 구입한 농장 아주머니의 말에 따르면, 냉동을 하면 반 년 동안은 보관할 수 있다고 했지만 될 수 있는 한 빨리 죽순을 먹었다. 무엇과 함께 먹어도 좋은 맛이었으니 어떻게 요리할 것인가에 대한 고민은 없었다. 하지만 이것을 다 먹고 나면 다시 내년 봄을 기다려야 한다는 사실이 안타깝기는 했다. 그래도 이제 우리 부부에게 무엇인가 다시 제철이 될 때까지 기다린다는 일은 하나의 즐거움이 되었다. 어떤 것이 사라지는 것은 모든 것이 순리대로 돌아가고 있음을 알리는 징표이기도 하니 말이다. 봄비가 내리면 죽순이 자라기 시작하는 것처럼.

우울한 일요일 저녁에는 

통영 전복

통영에서 나오는 해산물에는 전혀 유감이 없다. 인근에서 재배되고 생산되는 농산물에도 아무런 악감정이 없다. 외려 서울에서 만날 수 없던 것들이라 고마운 마음이 더 큰 게 사실이지만, 떡볶이라면 이야기가 전혀 달라진다.

나와 아내는 누구 못지않게 떡볶이를 좋아한다. 게다가 결혼하고 처음 살던 곳이 한국 떡볶이의 각축장이라 불리던 홍대 근처였으니 그날 기분에 따라 혹은 몸의 컨디션에 따라 다양한 떡볶이를 마음껏 골라 먹을 수 있었지만 통영에서는 그럴 형편이 못 되었다. 물론 한국에 떡볶이 없는 동네가 있을까마는, 문제는 맛이었다. 도대체 이곳의 떡볶이들은 어떻게 이렇게까지 맛이 없을 수 있단 말인가!

생긴 건 분명히 빨갛고 진한 국물에 범벅이 돼 있지만 한입 베어 물었을 때 처음 떠오르는 생각은 십중팔구 '달다'는 것이다. 물론 단맛이 나는 떡볶이도 있을 수야 있지만 이곳에서는 그 정도가 심하다. 게다가 그 단맛이라는 것도 깔끔한 단맛이 아니어서 매번 새롭게 찾아가는 떡볶이집에서 계산을 하고 나설 때마다 우리는 절망하지 않을 수가 없었다.

5월의 마지막 일요일에도 그런 경험을 했다. 아내가 길을 지나다 발견했다는 떡볶이집에서 우리는 말 그대로 '낭패스러운 맛'의 떡볶이를 먹고는 잔뜩 기분이 가라앉은 채 차에 올랐다. 그냥 집으로 돌아가기 억울하다는 생각도 들었다. 그렇다고 해서 홍대 앞으로 방향을 잡을 수는 없는 노릇. 집에 가던 길에 잠시 중앙시장에 들러 뭔가 입가심할 것을 골라보기로 했다. 그리고 아주 짧은 고민과 함께 그 대상을 선정했다. 전복이었다.

통영에는 굴만 있는 게 아니다!

서울에서라면 마트에서 포장해 팔고 있는 것들을 가장 흔하게 볼 수 있지만, 중앙시장에서는 통영 앞바다에서 양식하고 있는 활전복들이 훨씬 더 흔하다. 덕분에 단골집에서 만 원에 다섯 마리씩 하는 싱싱한 전복을 살 수 있었다. 일전에 집에 잔뜩 쌓여 있던 택배용 아이스팩를 가져다드린 것을 잊지 않고 있던 사장님 내외의 넉넉한 인심 덕분에 귀한 통영 가리비도 한 봉지 가득 덤으로 받았다. 금세 기분이 나아졌다.

원래 통영에서는 전복이나 가리비 같은 패류가 꽤 많이 잡혔단다. 잠시 통영에서 머물던 시인 백석의 시 '統營'에도 '전복에 해삼에 도미 가재미의 생선이 좋고/ 파래에 아개미^{아가미}에 호루기^{꼴뚜기를 뜻하는 경상도 사투리}의 젓갈이 좋고'라는 구절이 나올 정도니 그 풍부함이 어느 정도였는지 짐작이 갈 정도. 물론 지금도 패류는 꽤나 많이 난다. 통영으로 내려온 첫해에는 정말 재밌는 장면을 보기도 했다. 아파트 앞 운하에 물이 빠지던 날 엄청난 수의 사람들이 몰려나와 바지락을 캐는데, 부삽이나 호미, 작은 쇠스랑으로 갯벌을 뒤지는 소리가 온종일 동네에 맴돌았다. 게다가 섬에서는 소라가 많이 나고 대합 역시 어렵지 않게 채취할 수 있는 것들. 굴이나 홍합, 멍게 등에 대해서는 가타부타 설명을 덧붙이는 게 번거로울 지경이니, 통영 바다는 없는 것 없이 다 있다는 말 외에는 딱히 표현할 방법이 없을 만큼 풍요롭다. 떡볶이 재료가 나질 않아서 문제이긴 하지만.

위로가 되는 싱싱한 통영 바다의 맛

전복을 요리하는 방법이야 다양하지만, 난 버터구이를 가장 좋아한다. 회는 씹는 맛이 우선일 뿐 전복의 진짜 맛을 즐기는 데에는 모자람이 있는 요리법이라 생각하기 때문이다. 그래서 집에 오자마자 전복을 손질해, 버터를 녹인 프라이팬에 올렸다. 이때 다진 마늘을 함께 넣고 굽는 게 포인트라면 포인트. 가리비는 그저 한 번 씻어서 오븐에 넣어 굽는 것으로 충분하다. 한두 개씩 입을 벌리기 시작하면 재빨리 꺼내기만 하면 된다.

전복과 가리비가 익기를 기다리는 동안, 들불처럼 번졌다 소나기를 만난 것처럼 사라졌던 전국의 수많은 조개구이집들이 떠올랐다. 당시 팔리던 많은 조개들은 대부분 중국이나 북한으로부터 들여온 수입산이었을 게다. 그때만큼 많은 수요가 있는 게 아닌 지금도 서해안 유명 관광지에서 판매되고 있는 많은 수의 조개들이 수입산인 것으로 밝혀지고 있다. 국내에서 채취한 것들을 내놓는다면 가격을 그만큼 올려야 했을 테니까.

수입산이라고 해서 모두 품질이 떨어지는 것은 아니다. 하지만 조개의 경우는 얘기가 달라진다. 조개는 대부분 연안에서 잡히기 때문에 그 바다가 얼마나 깨끗한가에 따라 맛에 차이가 생기기 마련이다. 그런 면에서 봤을 때 한창 공업화가 진행 중인 곳 혹은 수질 관리가 어떻게 이루어지고 있는지 알 수 없는 곳에서 수입된 조개를 먹는 건, 사실 그리 내키지 않는 일이다. 그러니 뜨거운 오븐 속에서 마치 팝콘이 튀듯 펑펑 입을 벌리는 가리비를 보던 나는, 무엇이든 건강하게 키워내는 통영 바다에 새삼스레 고마워할 수밖에 없었다.

그렇게 우리의 일요일 저녁 '입가심상'이 완성됐다. 여기에 스파클링 와인을 곁들였으니 맛이야 좋은 게 당연한 일. 홍대 앞에서는 구경은커녕

풍문으로라도 그 소식을 알기 힘든 싱싱한 전복과 가리비의 야들야들한 식감과 상쾌하면서도 깊은 맛은, 떡볶이로부터 말미암은 우울을 지워버리기에 충분했다.

하지만 그렇다고 해서 우리가 통영에서의 맛있는 떡볶이에 대한 기대를 완전히 접은 것은 아니었다. 언젠가는 우리가 좋아하던 홍대 앞 떡볶이와 비슷한 것을 이곳에서도 발견할 것이라는 기대를 아직 접지 않고 있다. 그래서 마침 전복을 다 먹은 후 상을 치우던 때 전화를 해 온 친구에게 밑도 끝도 없이 "넌 맛있는 떡볶이가 있는 곳에 살아서 좋겠다"며 부러워했다. 물론 자세한 내막을 알고 난 후, 특히나 떡볶이 대신 전복을 구워먹었다는 이야기를 듣고 난 후 그 친구는 격한 반응을 보였던 터라 원래 전화를 걸었던 목적이 무엇인지 애기하지도 않고 금세 전화를 끊었지만.

어쩌면, 가장 멀리 있는 섬
– 진도

◉

어디든 섬은 멀다. 비단 물리적 거리만이 아니라 심리적 거리도 멀다. 다리가 이어져 아무 때나 들고 날 수 있다 하더라도 섬에 들어간다는 생각을 하면 괜히 심호흡을 하게 된다. 그만큼 섬이 갖고 있는 이미지는 고립과 큰 연관이 있다. 그리고 바로 그 고립감 때문에 여행은 더 깊어진다. 무엇보다 고립으로 말미암은 독특한 문화가 섬 전체를 아우르고 있기 때문이다. 그러니 섬 여행은 어느 정도 '여행의 내공'이 쌓였다고 생각하는, 혹은 좀 더 새로운 여행을 하고 싶어 하는 사람이 한 번쯤 거치는 통과의례라고도 할 수 있다. 진도는, 그래서, 다른 어느 때보다 이제 막 여행에의 욕구가 꿈틀거리는 봄에 찾으면 참 좋은 곳이다.

물론 진도에 도착하기 위해서는 꽤 오랜 시간을 달려야 한다. 전라도 권역이 아니라면 네댓 시간은 잡아야 하는 곳이니 적어도 하룻밤은 그곳에서 보내야 한다.-사실 거의 대부분의 섬 여행은 그곳에서의 하룻밤을 담보로 하는 경우가 많다- 그런 '단단한 각오'로 진도 초입에 도착하게 되면 가장 먼저 만나게 되는 곳이 바로 울돌목이다. 이순신 장군의 위대한 전적 중 하나인 명량해전이 벌어진 이곳은 물이 들고 날 때면 현기증이 느껴질 만큼 그 흐름이 빠르다. 게다가 바닥은 온통 뻘밭인 터라 푸른 바닷물을 기대한 사람은 실망할 수도 있겠다. 하지만 봄이 가장 먼저 오는 남도의 섬에 푸른 것이 어디 바다뿐이겠는가.

울돌목에서 한숨을 돌린 후 찾아볼 만한 곳이라면 역시 진돗개 사업소. 진도군청에서는 항상 일정한 수준 이상의 진돗개를 선별해 관리하고 있다. 다시 말해 이곳에 전시돼 있는 진돗개들은 진도 내에서도 손꼽히는 진돗개라는 뜻. 단순히 구경하는 데에서만 그치지 않고 한창 호기심이 왕성한 어린 강아지들과 함께 뛰어놀 수 있는 공간도 있으니 동물을, 특히 개를 좋아한다면 이만한 곳도 흔치 않다.

진돗개 사업소 ●홈페이지: dog.jindo.go.kr
●위치:　　　진도군 진도읍 동외리
●전화번호: 061-540-6312
●입장료:　　무료

◉

개털을 옷에 잔뜩 묻힌 후 갈 만한 곳이라면 신비의 바닷길이 열린다는 가계 해변 쪽이 괜찮을 것이다. 그곳의 가치가 가장 높아질 때는 아무래도 매년 4월 말 경에 열리는 신비의 바닷길 축제 무렵이겠지만 북적이고 시끄러운 인파를 참아내야 한다. 그리고 가계해변은 그런 '스펙터클'함이 없어도 충분히 괜찮은 곳이니 한숨을 돌리기 위해, 섬에 와 있음을 인식하기 위해 한 번쯤 들러봐야 하는 곳이다. 물론 여기도 푸른 바닷물을 보여주지는 않는다. 앞서 말했듯 이곳의 바다 아래에는 깊은 뻘이 자리 잡고 있으니까.

진도 신비의 바닷길 축제　　●홈페이지: miraclesea.jindo.go.kr

◉

해가 질 무렵이면 낙조와 국악 공연 중 하나를 선택할 수 있다. 아니, 진도를 찾게 된 날짜에 따라 나뉜다는 말이 더 정확하겠다. 매주 금요일 저녁 일곱 시에는 국립남도국악원에서 상설공연이 펼쳐지는데, 무료 공연임에도 불구하고 그 수준이 굉장히 높은 편이다. 무대에 오르는 이들은 대부분 한국예술종합학교 국악원 재학생이거나 국립국악원 소속이니까. 토요일에는 시내에 위치한 진도향토문화회관에서 공연이 있으니 사전에 확인해보도록 하자.

국립남도국악원
- 홈페이지: www.namdo.go.kr
- 전화번호: 061-540-4033
- 공연 일시: 매주 금요일 저녁 7시 (정기 공연 외 연중 2-3회 선보이는 기획 공연은 홈페이지를 통해 정보 확인 필요)
- 입장료: 무료

진도 토요민속여행 공연
- 공연 일시: 매주 토요일 오후 2시부터(3월~12월)
- 공연 장소: 진도 향토문화회관 대 공연장
- 공연 정보: tour.jindo.go.kr/sub.php?pid=TJ03020200

◉

만약 국악이나 공연 등에 큰 관심이 없다면 서쪽으로 방향을 잡아 세방낙조를 감상할 수 있다. 다만 낙조는 그날의 기상 상태에 따라 감상 여부가 판가름 나기 마련이니 미리 날씨를 살피는 것을 잊지 말자.

세방낙조 등 진도 여행 정보　●홈페이지: tour.jindo.go.kr

◉

하룻밤을 보낸 후, 아직 그날의 신선한 공기가 많이 남아 있을 무렵에는 운림산방을 찾는 것이 좋다. 꼭 미술 혹은 동양화에 관심이 없다 하더라도 운림산방은 그 자체만으로도 훌륭한 산책코스가 되어준다. 온통 푸른 것으로 둘러싸인 기품 있는 고택 사이를 여유롭게 걷는 기분은, 진도가 섬이기 때문에 훨씬 더 고즈넉하게 다가온다. 물론 미술관에 전시된 작품들 역시 훌륭하니 여유가 된다면 한 번쯤 관람을 해보는 것도 좋다.

운림산방

- 위치: 전라남도 진도군 의신면 사천리 64
- 전화번호: 061-543-0088
- 이용 시간: 하절기 09:00~18:00 / 동절기 09:00~17:00 (월요일 휴관)
- 입장료: 성인 2000원 / 학생 1000원 / 어린이 800원

◉

말 그대로 싱그러움 속에서 시간을 보냈다면, 그리고 다시 현실 세계로 돌아가야 할 때가 됐다면 진도대교로 방향을 잡아야 한다. 그러기 전에 진도를 기억할 무언가를 하나쯤 구입하고 싶다면, 단연 홍주다. 물론 술을 어느 정도 좋아하는 사람에 한해서겠지만.

진도에는 다섯 곳의 업체에서 홍주를 제조하고 있는데, 상표는 각기 다르지만 일정한 수준의 맛을 내니 가까운 곳에 위치한 곳을 찾는 것이 좋겠다. 물론 시음은 안전하게 돌아간 이후에 해야 할 테고.

홍주 구입처

- 대대로 영농조합법인: e-hongju.co.kr
- 진도아리랑홍주: jdhongju.kr
- 진도예향: e-hongju.kr
- 진도한샘홍주: jindohongju.co.kr
- 진도홍주: hongju.jindo.go.kr

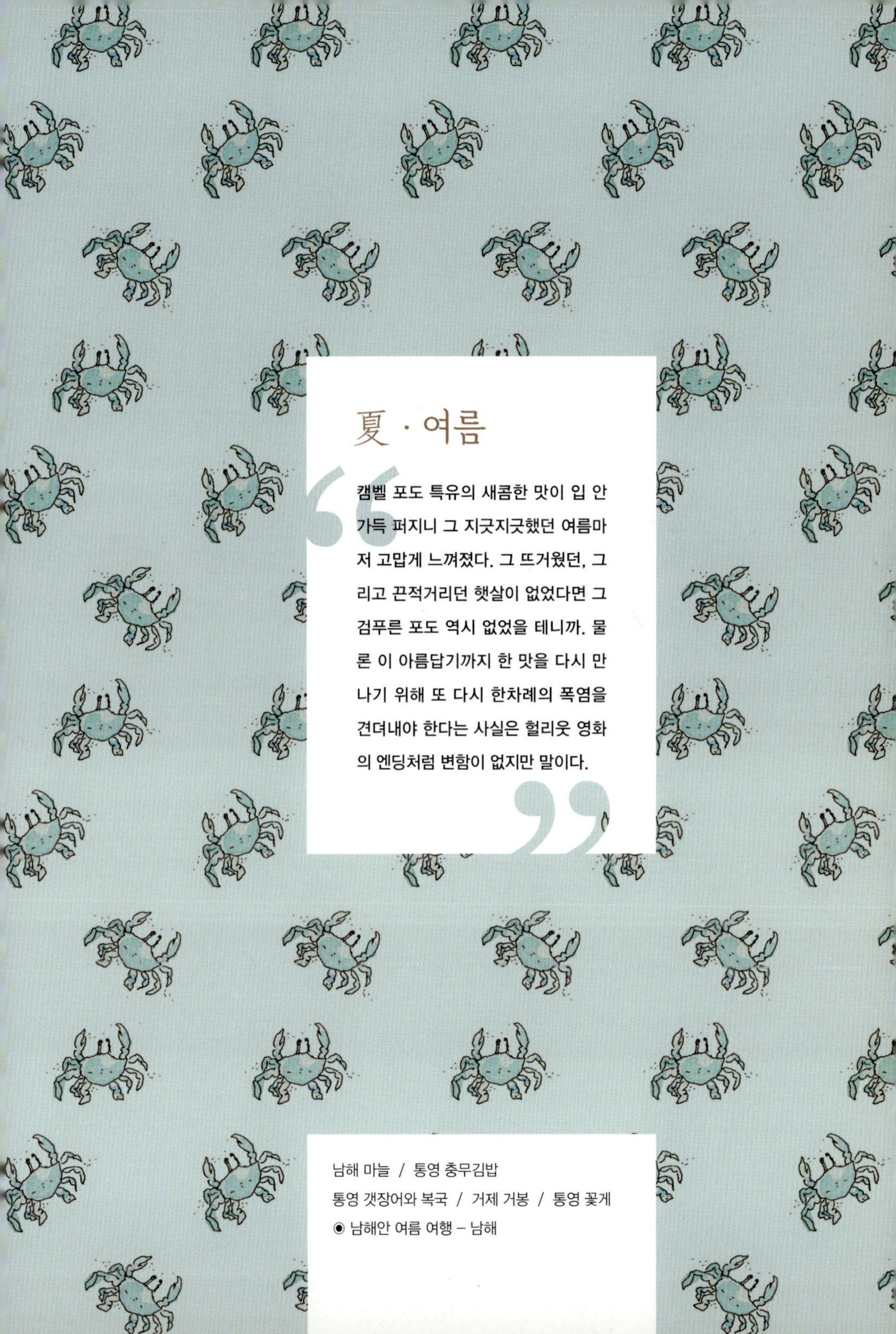

夏 · 여름

캠벨 포도 특유의 새콤한 맛이 입 안 가득 퍼지니 그 지긋지긋했던 여름마저 고맙게 느껴졌다. 그 뜨거웠던, 그리고 끈적거리던 햇살이 없었다면 그 검푸른 포도 역시 없었을 테니까. 물론 이 아름답기까지 한 맛을 다시 만나기 위해 또 다시 한차례의 폭염을 견뎌내야 한다는 사실은 헐리웃 영화의 엔딩처럼 변함이 없지만 말이다.

남해 마늘 / 통영 충무김밥
통영 갯장어와 복국 / 거제 거봉 / 통영 꽃게
◉ 남해안 여름 여행 – 남해

매운 핑계가 필요할 때

선명하게 떠오르는 목적지가 있는데 그냥 가기에는 어딘지 모르게 겸연쩍어지는 순간이 있다. 누가 물어보는 것도 아닌데 열심히 이유를 찾게 되는 그런 상황은, 난감하면서도 설레기 마련이다. 지난 6월의 초입, 나와 아내가 남해로 달려갔을 때도 그런 심정이었다.

통영에서 남해로 가는 길은 크게 두 가지로 나뉜다. 대전-통영고속도로를 타고 진주까지 올라간 후 남해고속도로의 사천IC로 나가 큰길을 따라 계속 남쪽으로만 향하는 게 가장 일반적인 방법이고, 국도를 따라 고성과 사천을 여유로운 속도로 달리는 게 조금 독특한 선택이 될 것이다. 우리 부부가 처음 통영에 내려왔을 때는 옆동네를 알아보자는 마음에 두 번째 길을 선택했다. 덕분에 고성에서 꽤나 넓은 면적의 벼농사를 짓고 있다는 사실과 오르락내리락 하는 국도를 따라 가는 게 의외로 재미있다는 점, 그리고 시간이 없을 때는 그냥 큰 길로만 가는 게 더 낫겠다는 깨달음을 얻은 바가 있었다. 1년 만에 다시 남해로 향하는 우리 부부는 처음 그랬던 것처럼 일부러 좀 돌아가는 길로 접어들었다.

조금은 돌아 가는 길을 선택한 우리는, 고작 1년간이었지만 통영에 꽤나 잘 적응하고 있다는 이야기를 나누었다. 이곳에서의 생활이 지루하지 않고 서울에 살았으면 내내 몰랐을 일들에 즐거웠으며 앞으로의 삶이 더 나아질 거라는 데에도 공감했다. 그렇지 않으면 고작 마늘을 사러 간다는 핑계로 한 시간 반 이상을 달려야 하는 남해로 향하지는 않았을 게다.

마음을 어루만지는 남해의 숲과 바다

하지만 우리가 가장 먼저 도착한 곳은 마늘을 파는 시장이나 공판장이 아니라 편백휴양림이었다. 지난해 운 좋게 예약했던, 그래서 온통 편백나무로 둘러싸인 통나무집에서 하루를 보냈던 기억이 여전히 향기롭게 남아 있었기 때문이다. 당시의 우리는 아직 특별히 일을 하고 있던 게 아니었던 터라 평일에 그곳을 찾았고, 덕분에 더 없이 한적하게 숲을 오가며 남해안에서 시작될 새로운 생활에 대해 두서없는 이야기들을 나눌 수 있었다. 하지만 이번엔 주말이었던 데에다 휴가철이 다가오는 상황이라 그런 고즈넉함을 다시 느끼기는 힘들었다. 해가 중천에 떠오르기 전에 '해치워야' 하는 삼림욕 역시 시간이 맞지 않아 포기해야 했다. 우리가 하루를 묵었던 통나무집은 이미 누군가가 들어가 살림을 차리고 있었으며 조용하기 이를 데 없던 숲은 지칠 줄 모르고 뛰어다니는 아이들이 내지르는 이러저러한 소리로 가득 차 있었기에 휴양림이 아니라 유원지 같은 분위기였다. 그래도 지난해 보았던 푸른 나무들이 여전히 그 모습 그대로 있다는 사실만으로도 굳이 남해의 끝에 자리 잡고 있는 휴양림까지 달린 보람을 느낄 수 있었다. 언젠가 비가 조금씩 흩날리는 날이 오면 다시 이곳을 찾자는 약속 역시 유효했다.

그리고 다시 길을 잡은 곳은 상주은모래해수욕장. 조약돌로 가득 찬 해변이 많은 남해안에서 흔치 않은 백사장을 자랑하는 이곳은 모래가 곱고 백사장의 길이와 폭이 넓은데다가 수심도 그리 깊질 않아 아이들을 데리고 오는 피서객들에게 인기가 많다. 그러다 보니, 동해안이나 서해안의 유명 해수욕장만큼은 아니지만, 북적이는 인파를 피할 수는 없는 법. 그래서 나와 아내는 지나쳐왔던 송정해수욕장으로 다시 돌아갔다. 유명세는

덜하지만 분위기로만 보자면 송정해수욕장이 훨씬 좋았다. 사람이 많지 않은 바다로부터 적당한 높이의 파도가 끊임없이 밀려오고 고운 모래로 적당히 다져진 백사장이 아늑하게 펼쳐진 곳이라 흥겨움보다는 차분함이 더위를 피해 먼 길을 달려온 절박한 도망자들을 맞이한다. 우리는 거기에서 얼마간 서성이며 통영에서는 큰 배가 지나가지 않는 이상 듣기 힘든 파도 소리를 들었다. 그 역시 남해안으로 이사를 온 첫해에 들었던 것과 달라지지 않았다. 괜히 안심이 되기도 했다. 자, 그렇다면 이제 본격적으로 목적에 충실해야 할 순간이 왔다.

달고 부드러운 남해 마늘

그게 무엇이든, 어디서 구입을 하든 특산물을 믿고 살 수 있는 가장 좋은 방법은 지방자치단체에서 직접 운영하거나 신뢰할 수 있는 기관으로부터 인증받은 곳을 찾는 것이다. 물론 시장 등지에서 사는 것보다 가격이 비쌀 테고 종류가 다양하지 못할 수도 있다. 하지만 짧지 않은 기간 이곳저곳을 돌아다니며, 특히 시장의 상인들, 그들과 얽혀 있는 공무원들을 만나 이야기를 나누고 때때로 직접 구입하며 경험한 바에 의하면 그 지방 관청의 이름을 달고 있는 곳 혹은 인증마크를 붙여 놓은 곳에서 특산품을 구하는 게 제일 안전한 일이었다. 마늘 역시 그러한 곳에서 구입했다.

"올해 마늘 농사 잘 안 됐어요. 그래서 이렇게 알이 굵은 것도 별로 없고. 가격이야 당연히 올랐죠."

우리보다 먼저 온 손님을 배웅하고 돌아온 아주머니에게 작년보다 마늘값이 오른 거 같다 했더니 잠깐 인상을 찌푸렸다. 지난 겨울과 봄이 예년과 다른 기후를 보였기 때문이었다. 그래도 밖에 내놓은, 그러니까 그 가게의 얼굴이라 할 수 있는 마늘들은 꽤 실해보였다.

"저희랑 거래하는 작목반 중에 제일 농사 잘 짓는 집에서 수확한 거예요. 이건 좋아요."

그런데 아주머니는 경상도 사투리를 쓰지 않고 있었다. 아니나 다를까, 원래는 충남 공주 출신인데, 남해가 고향인 남편을 만나 여기서 살고 있는 거란다.

"마늘 농사가 뭔지도 모르고 시집 왔어요. 남편은 밖으로 돌아다니며 일만 벌이고 저는 수습하고…… 뭐가 뭔지 몰랐으니 그렇게 살았지."

문득 떠오르는 사람이 있었으니, 바로 하동에서 만난 다실 아주머니였

남해마늘

다. 남양주에서 살다가 차 농사를 짓는 하동의 어느 집으로 시집을 오셨다
는. 도대체 경상도 남자들에게는 어떤 거부할 수 없는 매력이 있어서 그렇
게 먼 데 사는 아가씨들을 신부로 맞이하는지 궁금해졌다.

"몰라요 어떻게 결혼을 하고 여기까지 왔는지. 아무튼 이제는 마늘만
팔면서 살고 있으니까."

고개를 돌리고 슬며시 웃는 아주머니에게 좋은 마늘을 고르는 법을 물
었다. 답은 간단했다.

"보기 좋은 게 좋은 마늘이에요. 만져 봐서 단단한 거, 껍데기에 윤기가
흐르는 거, 알이 굵은 거. 그런 게 좋은 마늘이지."

다만 남해를 비롯해 제주, 고흥 등지에서 재배하는 마늘은 난지형 마
늘, 그러니까 따뜻한 지방에서 자라는 품종이란다. 의성과 서산, 삼척 등지
에서 재배하는 한지형 마늘보다 매운맛이 약하고 보관성은 조금 떨어지
지만 반대로 달고 부드러운 맛이라 양념용으로는 오히려 육쪽마늘로 대
표되는 한지형 마늘보다 낫다는 사람들도 적지 않다. 보관이야 요즘 집집
마다 한 대씩은 있는 김치냉장고에 넣어두면 큰 문제가 되지 않고.

대강의 설명을 마친 아주머니는 흑마늘로 만든 제품이라며 진액과 젤
리 같은 것들을 주었다. 보기만 했지 한번도 먹어본 적은 없던 것들. 사실
그 전까지 내가 갖고 있는 흑마늘 제품에 대한 이미지는 그리 좋지 않았다.
흑마늘로 만든 무언가는, 항상 의기소침해 있거나 자신이 속해 있는 집단,
특히 아내와 함께 영위하고 있는 가정 내에서 자신의 목소리를 제대로 내
지 못하는 가장들을 으레 폭군이나 파쇼 혹은 독재자 같은 이미지로 돌변
케 하는 것이었던 터라, 게다가 왜 그러는지는 모르겠지만 그동안 기세등
등해 하던 아내가 순식간에 그런 철권통치를 두 팔을 벌려 환영하는 모습
으로 변하게 하는 이상한 약과 다름없었기 때문에 큰 흥미가 생기질 않았

다. 하지만 공짜로 주시는 바에야 굳이 사양할 이유가 없었다.

신기한 맛이었다. 마늘을 통째로 구운 맛일 거라는 예상은 했었지만, 그 맛이 젤리와 음료 모두에게서 나타날 줄은 몰랐던 것이다. 먹는 형태만 다를 뿐이지 맛의 차이는 하나도 나질 않았으니 마치 초등학생 때 보던 공상과학소설 속의 미래 음식을 먹는 것 같은 기분이 들 정도였다. 그렇다고 해서 못 먹을 성질의 것은 아니었다. 외려 뒷맛이 구수한 게 괜히 식욕을 당기게 하는 힘도 갖고 있었다. 몇 개 더 먹어보면 좀 파악이 되겠다 싶었지만, 시식으로 가게를 문 닫게 할 수 있는 사람이 바로 자신의 남편이라는 걸 잘 알고 있던 아내가 내 등을 떠밀어 운전대를 잡게 했다. 그러자 아주머니가 따라 나오시며 냉장고에 넣어 차게 만들어놓은 흑마늘 드링크 두 병을 굳이 쥐어주셨다. 남쪽 마늘처럼 부드러운 마음 씀씀이에 우리는 깊이 감사드렸다. 특별히 비싼 것을 산 것도 아니었고 이러이러하니 책에 이곳 홍보를 해드리겠노라 허풍을 떤 것도 아니었지만 아주머니는 서울에서 통영까지 내려 와 사는 젊은 부부가 예뻐 보였노라며 조심히 가라고 손을 흔들어주셨다. 이러저러한 과정을 거쳐 무슨 무슨 성분이 강해져 몸에 좋을 수밖에 없다는 흑마늘보다 훨씬 더 우리의 마음을 밝게 만들어주는 모습이었다.

하지만 그건 그거고 흑마늘 덕분에 살아난 식욕을 달래는 건 별개의 문제였기에 우리는 지난번 남해 여행 때도 들렀던 식당에서 제철을 맞은 멸치 요리로 배를 채웠다. 초여름이 제철인 멸치였기에 무침과 찜 모두 훌륭했지만, 특히 맥주를 무한대로 불러들일 법한 '포스'의 구이는 정말 두고두고 기억에 남을 만 했다. 통영에서, 그리고 이 남해안에서 잘 살 수 있을 거라는 확신이 더욱 단단해지는 한 끼였다.

이것저것 신경 쓰고 돌아보고 점검해야 할 게 많았던 우리 부부는 8월

이 시작된 요즘에야 남해에서 사온 마늘을 까고 있다. 남들 다 갖고 있다는 그 흔한 김치냉장고도 없는 집에서 뭘 믿고 그렇게 많은 마늘을 샀는지는 모르겠지만, 다행스럽게도 아직까지 마늘에는 별 이상이 생기지 않고 있다. 우선은 당장 먹을 것들만 꺼내 다듬는데, 그럴 때마다 좁은 집안에는 마늘향이 가득해진다. 하지만 그 매운향이 이상하게 싫지 않다. 코를 찌르거나 눈을 맵게 만드는 것도 아니다. 아마도 이게 바로 난지형 마늘의 특징이 아닐까 싶은 생각을 요 근래 들어서야 하게 된다. 그리고 그 모나지 않은 성정이 바로 이 마늘이 자란 땅의 사람들을 닮아 있기 때문이라는 생각을 통영에서 살아온 지 1년이 지난 지금에야 하게 된다.

그 많던 김밥은 누가 다 먹었을까 

통영 충무김밥

통영으로 놀러오는 가족, 친구, 선후배들로부터 꽤 많이 받는 질문 중 하나
가 바로 "그래서 충무김밥은 어디 것이 제일 맛있냐?"는 거다. 충무김밥.
사실 나는 이 충무김밥을 그리 좋아하질 않았다. 우선 같은 가격대의 음식
중 단백질과 지방 함량이 현저히 낮았고 포만감 역시 오래 가지, 아니 아예
생기질 않았으니까. 기왕 김밥을 먹어야 한다면, 같은 가격으로 보통 김밥
두 줄을 사먹는 편을 훨씬 선호했다. 게다가 무릇 김밥이란, 옛날 분홍 소
시지만큼이나 굵게 말아놓은 것을 그대로 움켜쥔 후 될 수 있는 한 입안 가
득히 들이밀고 볼이 터져라 우걱우걱 씹어 먹어야 제맛이라 믿고 있는 내
게 충무김밥의 그 자잘한 크기가 특정한 감흥을 불러일으킬 리 만무했다.
그런데 통영에서 수많은 손님을 맞이하며 '본의 아니게' 충무김밥을 자주
먹다 보니 슬슬 그 매력을 알게 되었다.

　　충무김밥의 가장 큰 미덕은 담백함이었다. 참기름을 바르지 않은 김으
로 간을 하지 않은 밥을 싸놓은 것이 도대체 무슨 맛인가 싶었지만 그것이
해산물 무침, 크게 썰어놓은 무김치와 어우러지면 고소하면서도 시원하
고 매콤하면서도 깔끔한 맛이 생성된다. 뿐만 아니라 아무리 먹어도 물리
질 않았고 속이 더부룩해지는 일 역시 없었다. 그래서 나는 지난여름을 지
내며 그동안 충무김밥에 대해 갖고 있던 유감을 서서히 떨쳐내기 시작했
다. 그러자 호기심이 생겼다. 과연 이 충무김밥이라는 게 어떻게 탄생했는
지에 대해 말이다.

원조 충무김밥은 없다

지금은 통영으로 불리지만 원래 이곳은 통영군과 충무시로 나뉘어 있었다. 그러니까 충무김밥은 아직 통영과 충무가 서로 분리되어 있던 시절에 생겨났다는 사실을 자연스럽게 유추할 수 있는데, 정확히는 부산에서 출발해 통영^{당시 충무}과 비진도, 연화도, 욕지도 등의 섬을 한 바퀴 돌아오던 명성호의 기항과 함께 시작되었다고 한다. 그게 1960년대 초반.

워낙 바다가 풍요로운 곳이었기에 사람들은 당시 많이 잡히던 꼴뚜기와 쭈꾸미, 홍합 등을 양념에 버무려 무김치와 함께 여객선 승객들에게 팔기 시작했다. 김밥임에도 불구하고 이렇게 해산물을 반찬 형식으로 따로 분리를 한 것은 쉽게 상하는 것을 방지하기 위함이었다.

그렇게 만든 충무김밥을 파는 사람들은, 당연한 일이었겠지만 거의 대부분 아낙들이었다고 한다. 그리고 그 수가 워낙에 많아 명성호 혹은 부산과 여수를 오가던 금성호가 지금의 통영여객터미널에 접안하면 일대는 온통 그들의 ‘고무 다라이’로 장사진을 이뤘다고 한다. 지금도 ‘충무김밥 거리’로 인식되고 있는 곳이 바로 충무김밥의 발상지인 셈이다.

이렇게 시작된 충무김밥이 이제는 그야말로 전국적인 명성을 얻고 있지만, 오랫동안 통영에서 살아온 사람들은 이제 그 모습과 맛이 변해도 너무 변했다고 한탄을 하기도 한다. 그래서 어떤 사람들은 “이제 충무김밥은 먹을 게 못 된다”며 서글픈 표정을 짓는 경우도 있다. 실제 처음 충무김밥이 만들어졌을 때는 꼴뚜기, 쭈꾸미, 참홍합 등이 주재료였지만 80년대에는 갑오징어로, 이제는 원양 오징어와 공장에서 만든 ‘오뎅–물론 어묵이 맞는 말이지만 어감 때문에 식감이 저하되는 현상 때문에 나는 가끔 오뎅을 고집하곤 한다’으로 바뀌었으니 재료의 구성에서부터 차이가 날 수밖

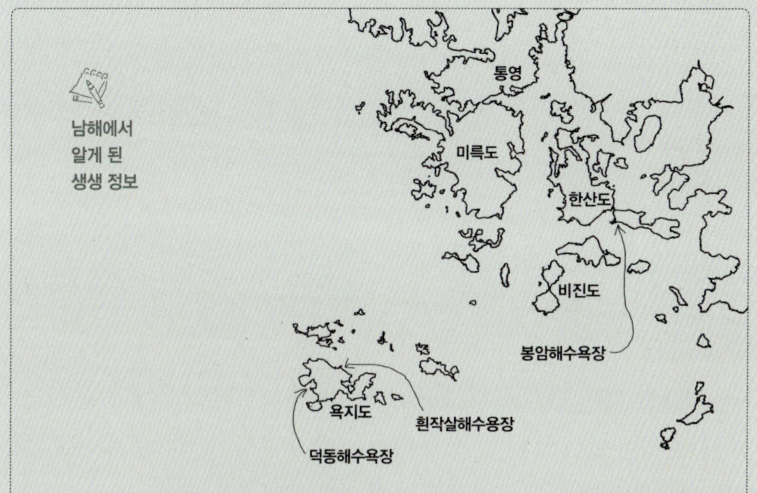

통영의 해수욕장

통영은 '바다의 땅'이라는 슬로건을 갖고 있지만, 정작 해수욕장은 몇 개 되지 않는다. 물론 충무 마리나리조트에서 멀지 않은 곳에 공설해수욕장이 있지만, 큰 기대는 하지 말자. 다만 비진도의 순백으로 빛나는 백사장이나 한산도 봉암해수욕장, 욕지도 흰작살해수욕장과 덕동해수욕장의 몽돌은 전국적으로도 손꼽히는 곳이니, 바다에 몸을 담그고 싶다면 섬으로 들어가는 것을 추천한다.

에 없다. 게다가 그 양 역시 지금은 예전 것에 댈 것이 아닐 정도로 형편없이 적어졌단다. 하지만 비교할 기억 혹은 추억이 없는 사람에게는 그리 와 닿지 않는 이야기이기도 했다. 그래서 제대로 충무김밥의 맛을 체험해보기로 했다.

참가자들을 미궁 속으로 빠뜨린 충무김밥 품평회

우선 중요한 것은 어떤 곳의 충무김밥을 선택하느냐는 문제였다. 워낙에 충무김밥집이 많다 보니 몇 곳을 추리는 데에 고민이 뒤따를 수밖에 없었는데, 역사와 지명도 등을 고려해 다섯 곳을 선정했다.

그 다음은 어떤 사람들과 함께하느냐는 것이었다. 맛이라는 게 워낙 주관적일 수밖에 없는 노릇이라 다양한 연령대와 배경을 갖고 있는 사람들을 찾았고, 덕분에 총 열 명의 평가단(!)을 꾸릴 수 있었다. 통영에서 나고 자란 20대와 50대 여성 각 한 명, 서울 출생으로 통영에서 살아가고 있는 30~40대 남성 세 명과 여성 두 명, 충북에서 태어나 통영에서 살고 있는 40대 남성과 서울 토박이 60대 부부가 바로 그들이었다. 전라도와 강원도 출신이 없는 게 아쉬웠지만, 어쨌든 될 수 있는 한 '지역안배'를 하기 위해 노력한 결과였다. 그리고 이들에게 부탁한 평가 항목은 김밥의 식감, 해물무침과 김치의 맛, 그리고 매운 정도와 보기 좋은 정도 등 모두 일곱 가지였다.

이러저러한 준비 끝에 김밥과 사람들이 아내의 사무실에 모이게 됐다. 와인이나 커피 같이 곧잘 품평회의 대상이 되는 음료가 아니라 충무김밥을 평가하는 자리라는 게 참으로 생뚱맞을 수밖에 없긴 했지만 그게 무엇

모두 같아 보이지만, 충무김밥의 맛은 가게마다 각기 다르다.
유명하다 소문이 난 곳에서 조금씩 구입한 후 맛을 비교해보는 것도
통영 여행의 즐거움이 될 것이다. 품평회를 위해 서로 다른 특징을 가진
다섯 곳을 고르긴 했지만 이외의 가게들도 맛으로는 뒤지지 않는다.

이든 처음 하는 일은 흥미진진하기 마련. 덕분에 다들 재미있다는 표정을 하고 있었다.

평가 방식은 단순했다. 어느 집에서 사온 건지 알 수 없도록 해놓은 다섯 개의 김밥을 펼쳐놓고 자유롭게 먹으며 선호하는 김밥을 순서대로 적어 넣으면 되는 거였는데, 실제 진행은 그리 쉽게 되질 않았다. 하나씩 놓고 봤을 때는 그저 평범해 보였던 김밥들을 모아놓으니 이상하게 심각해 보였기 때문이다.

그래서 한 번 먹어본 것을 다시 먹기를 반복하기도 하고 입을 몇 번이나 헹구기도 했다. 그저 재미삼아 시작했던 일이었건만, 분위기는 이상하게 달구어졌다. 덕분에 충무김밥 품평회를 마치고 먹기로 한 한우 등심이 이미 다 익었다는 소식을 몇 차례 전했음에도 사람들은 쉽게 자리를 뜰 생각을 않고 여전히 김밥을, 해물들을, 무김치를 우물거릴 뿐이었다. 하지만 그런 집중력이 오래 갈 수는 없는 법. 나중에 가서는 "아 몰라 몰라!"하는 푸념도 들리고 "내가 뭘 먹었는지 기억이 안 나요"라며 울상을 짓거나 "다 맛있는 거니까 얼른 가서 고기 먹자"는 이야기도 나왔다. 그리고 그 중에서는 아예 초반부터 "이렇게 애써 만들어 놓은 음식들에 순위를 매기는 것은 옳지 않다"면서 바비큐 그릴에 불을 붙이고 한우 등심에 밑간을 하던 참가자도 있었다. 처음의 원대한 포부와 달리 이날 평가는 지극히 주관적이며 더 이상 그럴 수 없을 만큼 엉성했다.

저마다의 개성이 있는 충무김밥의 세계!

아무튼 그렇게 해서 취합한 결과는, 꽤나 흥미로웠다. 뚱보할매김밥이 많은 항목에서 고르게 상위권을 차지했고 그 뒤를 한일김밥과 풍화김밥이 잇고 있었다. 옛날충무꼬지김밥은 전통적인 충무김밥의 모습을 그대로 간직하고 있는 데에 높은 점수를 받았고 엄마손충무김밥은 다른 곳보다 재료에 신경을 더 많이 썼다는 점이 이채로웠다는 평가가 많았다.

연령보다는 출신 지역에 따른 선호도 차이가 더 컸는데, 서울에서 생활해온 사람들은 풍화김밥을, 통영에서 나고 자란 사람들은 뚱보할매김밥을 선호하는 모습이 두드러졌다. 풍화김밥이 다른 것들보다 좀 더 단맛이 많이 났기 때문인데, 오히려 이런 맛을 싫어하는 경우도 있었다. 반면 뚱보할매김밥은 김밥의 식감이 좀 더 고들고들했고 김치와 해물무침의 맛이 강하게 느껴지는, 그야말로 통영다운 맛을 자랑했다. 한일김밥 역시 '통영다움'에 속하는 맛이었는데, 덕분에 지금은 통영에서도 가장 큰 충무김밥집을 운영하게 되었다는 게 통영 토박이들의 전언이었다.

하지만 진정한 골수팬을 거느린 건 다름 아닌 옛날충무꼬지김밥이라고 한다. 처음 충무김밥이 만들어졌을 때부터 그랬던 것처럼 지금도 홍합과 오징어 등을 일일이 꼬치에 꿰어서 팔고 있었는데, 이곳은 좀 더 '하드코어'한 통영의 맛을 보여주고 있으니 기존 충무김밥에 식상해진 사람들이 도전하기 좋을 듯 싶었다. 엄마손충무김밥의 경우 모나지 않은 맛이 장점이면서 단점이기도 했다. 그리고 마침내 이러한 의견들을 모두 정리해보니 풍화김밥에 대한 선호가 가장 높았다. 아무래도 그날 참석한 사람들 중 통영 밖에서 태어나고 생활한 사람의 수가 많았기 때문이었을 게다. 다시 말해 '단맛'에 익숙한 사람들이 많았기 때문에 이러한 결과가 나왔다고 보는 게 맞을 것이다.

앞서 이야기한 것처럼 사람들의 입맛이란 그 성격만큼이나 제 각각이다. 게다가 그 사람들이 무엇인가를 맛보고 평가하기 위한 훈련을 해온 경우가 아닌 바에야 맛을 평가함에 있어 객관성을 이야기하는 것은 말도 안 되는 일이다. 그러니 '품평회'라는 타이틀을 달고 있긴 했지만 그 자리에서 이뤄진 평가가 정확한 것이라 이야기할 수는 없는 노릇이다. 다만 한 가지 확실한 것은 있다. 그날 우리가 맛보았던 충무김밥 중 "맛없어서 못 먹겠다"는 평을 받은 것은 단 한 가지도 없었다는 사실이다. 오히려 모아놓은 충무김밥들이 모두 일정 수준 이상의 맛을 냈다는 것이 놀라울 뿐이었다. 품평회 이후 먹었던 한우 등심만큼이나 말이다. 씹으면 부드러움과 쫄깃함의 경계쯤에 멈춰선 육질이 느껴지고, 그와 함께 감미롭다 표현해야 할 달콤한 육즙과 고소함의 저 너머에 가 있는 듯한 풍미가 입과 코를 희롱하는 그 한우 등심만큼이나 말이다. 특히 강한 숯불에 짧은 시간 안에 구워 내 그 자리에서 집어 먹을 때마다 마치 아미노산으로 만든 불꽃이 터지듯 입안을 행복하게 만드는 그 한우 등심만큼이나 말이다. 씹는 즐거움, 그러나 그 뒤에 따라오는 삼켜야 한다는 슬픔. 그 거대한 감정의 굴곡을 기름진 손길로 알려주는 바로 그 한우 등심만큼이나 말이다. 아아 한우 등심! 한우 등심!

통영의 여름을 이기는 한 그릇 

통영 **갯장어회, 복국**

사실 통영으로 내려오는 데에는 작은 갈등이 있었다. 아내를 비롯한 타인과의 갈등이 아니라 스스로에 대한 것이었다. 통영은 내가 여름을 겪은 그어느 곳보다 뜨거운 태양이 작렬하는 곳이었기 때문이다.

처음 통영을 찾은 건 2005년이었던 걸로 기억한다. 8월 초순이었고 내가 가야 할 곳은 소매물도를 비롯한 유명 관광지였다. 1박 2일의 일정이었기에 첫날은 도착하자마자 택시를 타고 이곳저곳을 한 바퀴 돌았고 이튿날 새벽에는 소매물도에 가는 배에 올랐다. 소매물도가 지금처럼 국민적인 관광지가 아니었던 터라 오르고 내리는 길이 적잖이 불편했기에 고생을 할 수밖에 없었다. 하지만 진짜 힘든 일정은 다시 배를 타고 여객터미널로 돌아온 이후부터였다.

온몸으로 경험한 통영의 무더위

이제는 빈번하게 오가고 있는 충무교를 몇 번이나 건너다니며 사진을 찍고 강구안까지 걸어가며 내내 촬영을 이어갔다. 차가 없었기에, 아니 운전면허증도 없었기에 내가 선택할 수 있는 방법은 그저 걷는 것 말고는 없던 때였다. 그야말로 개처럼 혀를 내뺀 채 돌아다니며 마침내 그럭저럭 사진들의 구색을 맞춘 후 근처에 있던 해수탕에 가 소금기 때문에 서걱거리던

몸부터 씻어내고 창피함을 무릅쓰고 온통 땀에 젖어 있던 민소매티셔츠도 빨았다. 그것을 선풍기와 드라이어로 대충 말린 후 택시를 타고 버스 터미널로 향하는데 양쪽 어깨가 따끔거리기 시작했다. 처음에는 카메라 가방에 피부가 쓸려서 그랬거니 싶었는데, 버스가 대전쯤 이르자 따끔거리던 곳에서 수포가 일어나는 게 보였다. 통영의 8월 햇살에 화상을 입은 것이었다. 한반도에 이런 곳이 있었다니! 매년 여름 동해안으로 피서를 다니면서 등껍질이 벗겨지는 것 말고는 햇볕에 의한 외상을 입은 것은 처음이었기에 나는 말 그대로 충격을 받을 수밖에 없었다. 그 후 아프리카에서 경험한 햇살도 통영만큼은 아니었다. 그러니 내가 아내의 "통영 내려가 살까?"라는 말에 금세 "그러자!"라고 대답해놓고도 잠시간 고민했던 건, 가뜩이나 더위를 많이 타는 입장에서는 너무나 당연한 일이었다. 그나마 통영에 내려온 첫해에는 다행스럽게도 큰 더위가 없었다. 워낙 비가 내리는 날이 많았던 데다-덕분에 많은 수의 가죽 제품이 곰팡이꽃을 피워올렸지만- 아파트 13층에 살고 있었던 터라 언제나 넉넉한 바람이 불어왔기 때문이다. 하지만 올 여름은 사정이 전혀 달랐다.

 게스트하우스를 짓기 위해 우리는 아파트를 떠나 통영 사람들이 '시골' 혹은 '공기 좋은 곳'으로 순화해 부르는 시 외곽, 산양읍 남평리로 이사를 했다. 그래봤자 처음 살던 아파트와는 자동차로 5분 거리에 있는 곳이었다. 하지만 고개 하나로 분위기는 많이 바뀌었다. 나지막한 집들, 철 따라 열매를 맺는 나무들, 조금은 삐뚤빼뚤 이어진 골목길. 이사를 한 건 5월이었지만 본격적인 삶이 시작된 건 6월부터였다. 게스트하우스의 기초를 만들고 뼈대를 세우고 거기에 살을 붙이는 작업은 7월이 되어서야 시작되었다. 그때부터 나와 아내는 살아오며 한번도 겪은 적이 없는 스트레스에 시달려야 했다. 행정에 대해서도 공부해야 했고 건축공법에 대해서도 어느 정도의 지식을 갖춰야 했다. 그러다 보니 얼마 동안은 아침에 눈을 뜨는 게 고역일 때도 있었다. 당연히 지쳐갔고 괜히 엉뚱한 일을 벌이는 건가 싶어 후회도 됐다. 하지만 돌아가기에는 너무 먼 길을 와버렸다. 방법은 그저 참고 이겨내는 수밖에는 없었다. 문제는 체력이었다. 통영에서의 첫 여름과는 비교도 안 될 정도로 무더운 나날이 이어지고 있었고 따라서 나와 아내는 무슨 수를 써야 했다.

그래서 선택한 것이 갯장어였다, 남해안에서는 보통 '하모はも'라 부르는 놈이었다. '물다'라는 뜻의 '하무'라는 단어에서 파생된 이름을 갖고 있을 정도로 성격이 포악한 갯장어는 남해안 사람들이 아니면 잘 모르는 횟감 중 하나. 하지만 이건 어디까지나 한국에서의 이야기이고 일본에서는 고급 어종 중 하나로 귀한 대접을 받고 있단다. 물론 거기서는 회가 아니라 도방무시라 불리는 맑은국 요리용 재료로 많이 사용되는 게 차이라면 차이. 이런 차이는 경남과 전남 사이에서도 발생하는데, 고성과 통영에서는 회로 많이 먹고 여수를 중심으로 한 전남 지방에서는 샤브샤브가 인기가 높다고 한다. 그러거나 말거나 어쨌든 나와 아내의 목적은 단 한 가지였다. 체력회복.

여름 남해에서만 맛 볼 수 있는 갯장어

서호시장에 있는 여러 횟집 중 갯장어회로 가장 유명하다는 집을 찾았다. 그리고는 갯장어를 시켰다. 혹시 갯장어 잡는 걸 좀 볼 수 있느냐는 질문과 함께. 다행히 작업장(?)에서 갯장어를 잡고 있으니 원하면 얼마든지 볼 수 있다는 대답을 듣고는 다시 카메라를 챙겨들고 식당을 나왔다.

　수조에는 갯장어가 한가득 들어 있었고 사장님으로 보이는 아저씨가 쉴 새 없이 갯장어를 다듬고 있었다. 눈치를 보며 이것저것 묻기 시작했다. 돌아오는 대답들은 부박한 사투리 때문에 한 번에 알아들을 수 없는 것들도 있었지만 1년 동안의 통영 생활 덕분에 대부분은 금세 이해할 수 있는 것들이었다.

　"원래는 하모를 안 먹었지. 고성에서 마이 잡히던 긴데 거의 일본으로 수출만 했으니까. 근데 내가 장사를 해보려고 이것저것 고민을 하다 보이 하모가 괜찮아 보인 기라. 그래 이걸 우에 먹을까 생각을 하다가 지금처럼 맘대로 섞어 묵게 만든 기다."

　도마 위에서 가죽이 벗겨지고 뼈가 분리되는 갯장어는 붕장어나 먹장어와 확연히 구분이 될 정도로 크고 굵었다. 게다가 억센 뼈가 많아, 그것들을 일일이 발라내지 못하기 때문에 씹을 때 거슬리지 않도록 잘게 부수는 게 상당한 고급기술이라고 한다. 일본에서는 말이다.

"하모가 원래 사철 잡히기는 하는데 여름이 지나모 빼가 윽쎄지니끼네 이리 묵지를 몬하지. 근데 또 여름에 체력 떨어지모 하모맨키로 좋은 것도 읍다. 우리 아가 서울서 운동했는데, 집에 내리올 때마다 하모 챙기주마 몸이 괘안타 하더마."

도마 옆에서 뒹굴고 있는 갯장어의 대가리를 슬쩍 보았다. 명성대로 꽤나 사납게 생긴 얼굴이었다. 서울에서는 볼 수 없었던 모습이기도 했다. 잡히는 갯장어 중 대부분은 일본으로 수출되고 있고 남은 것들도 현지에서 모두 소비가 되니 서울로 올라갈 것도 없다는 설명이 이어졌다. 그러고 보니 일본의 한 음식만화에서 "갯장어는 한중일 모두 잡히지만 그중에서 가장 품질이 좋은 것은 한국산"이라 기술하던 장면이 떠올랐다. 그래서 꽤나 높은 가격으로 거래가 이루어진다는 사실 역시 뒤를 이어 떠올랐다. 그렇다면 갯장어가 과연 장어 중의 왕이라 할 수 있는 것일까? 이 질문에 손질을 잠깐 멈추고 한숨을 돌리던 아저씨가 의외의 답을 내놓았다.

"그기는 아니지. 이 시기에만 보자모 하모가 최고인 건 맞는데 장어든 다른 고기든 전부 철 따라 맛이 변하잖나. 지금이야 하모가 좋지만 좀만 지나모 다른 것들이 좋아지니 딱히 하모를 최고라 할 수는 없지 않겠나."

내가 기대했던 이야기는 아니었지만 더 없이 '통영다운' 답이기도 했다. 변화하는 바다에 따라 변화하는 어종이 수도 없이 많으니 어느 한 가지를 최고라 손꼽을 수 없다는 아저씨의 이야기는 내가 경험한 우문현답 중 최고로 손꼽아도 될 정도였다.

커다란 깨달음을 얻고 다시 테이블로 돌아왔다. 어느 틈엔가 음식이 차려져 있었다. 먹는 방법은 간단했다. 양파, 양배추, 홍고추, 깻잎, 마늘쫑, 콩가루 등을 기호에 맞게 자신의 접시에 덜어놓은 후 그 위에 먹고 싶은 만큼의 갯장어회를 올린 후 초고추장을 뿌린 후 섞어 먹는 것이었다. 우선은 장어만 먹어봤다. 아무 것도 찍거나 묻히지 않고. 고소한 맛과 함께 약간의 흙냄새가 났다. 회를 목너머로 넘긴 후 코로 날숨을 쉬자 흙냄새가 좀 더 진해졌다. 장어가 원래 갯벌에 사는 놈이니 그 냄새는 태생적으로 어찌할 수 없는 부분이었다. 하지만 그것을 초고추장이라는 화학적 방법- 앞에서도 이야기 했듯이 맛을 느끼는 미뢰를 통증으로 마비시키는 고추장은 가끔 폭탄과도 같은 역할을 한다-으로 무마시키려는 것은 맘에 들지 않았다. 모든 회가 그렇기도 하지만 장어회는 더더욱 미묘한 맛이 나는 재료이다 보니 고추장은 피했으면 싶었던 것이다. 그래서였는지 나와 아내는 그날 갯장어회에서 특별한 인상을 받지 못했다. 씁쓸한 일이었다. 당연히 원래의 목적이던 체력 회복 역시 이뤄지지 못했다.

복국 한 그릇의 힘

갯장어가 실패로 돌아간 덕분에 나는 유래 없이 더위에 헐떡거려야 했고 옆에서 보기에 안쓰러웠던 아내가 만병통치약 '통닭 카드'-워낙 통닭을 좋아해서 기분이 좋지 않을 때, 입맛이 없을 때 등 문제가 있는 순간 아내가 사용하는, 실패 확률이 낮은 비장의 카드다-를 꺼내들었지만 그마저도 내키지 않았다. 스스로도 이해가 안 될 만큼 나는 지쳐있었다. 쉴 새 없이 흐르는 땀 때문에 항상 차가운 것을 입에 달고 살다 보니 입맛도 없어진 모양이라는 자가진단을 내리는 데에는 그리 오랜 시간이 걸리질 않았다. 그렇다면 뭔가 뜨거운 것을 먹어야 하지 않을까 싶어서 자주 가던 복국집에서 복국이나 한 그릇 먹자고 아내에게 제안을 했다. 그때만 해도 나는 '오늘은 제대로 잘 수 있을까'라는 걱정으로 심신이 피로한 상태였다.

우리가 찾은 복국집은 나름대로의 사연이 있는 곳이었다. 아내와 함께 처음으로 통영 여행을 할 때 저녁을 먹은 곳이기도 했고 통영에서 첫 여름을 보낼 때 밀려 내려온 가족과 친구들의 아침식사를 책임져준 곳이기도 했다. 덕분에 그곳의 사장님 가족과도 꽤 친밀한 사이가 되었다. 하지만 무엇보다 큰 의미는 내가 복국을 새롭게 인식하도록 만들어준 곳이라는 데에 있었다.

그동안 내가 복국을 먹었던 곳은 부산과 마산이 전부였는데, 도시 안에서 명성이 높은 곳들만 돌아다녔던 터라 복국은 원래 특유의 향이 있는 거라 믿어왔었다. 하지만 통영 복국은 또 달랐다. 우선 부산이나 마산보다 훨씬 담백했다. 그랬으니 복국을 처음 먹는 사람도 아무 부담이 없었다. 뿐만 아니라 사용하는 복의 종류도 달랐다. 졸복, 그러니까 성인의 가운뎃손가락 정도밖에 자라지 않는 작은 복을 사용하다 보니 복을 골라먹는 재미도 쏠쏠했던 것이다. 하지만 마침 졸복이 떨어졌던 터라 보통의 복국을 시켜야만 했다.

적당히 식초를 치고 첫 한 숟가락의 국물을 삼켰을 때부터 내 속이 풀리는 게 느껴졌다. 신기한 일이었다. 먹는 것에 대한 욕심이 컸던 터라 이것저것 가리는 것 없이 많은 음식을 먹어왔지만 그 작은 한 숟가락이 몸에 변화를 일으킨 경험은 단 한번도 없었기 때문이다. 맑은 복국을 먹으면 먹을수록 몸에 온기가 도는 게 느껴졌다. 그리고 마침내 한 그릇을 모두 비웠을 때는 아늑한 기분까지 들었다. 심지어 앞으로의 일에 대해 근거도 없이 긍정적인 생각까지 들었다. 지금 생각해도 신기한 일이었다. 단 한 그릇의 복국에 내 몸과 마음이 단숨에 회복된 것이다. 심지어 돌아오는 길에는 운전을 하며 괜히 실실 웃기까지 했던 것으로 기억한다.

하지만 복국에는 타우린, 리신, 알리닌, 글리신 등의 아미노산이 풍부해 피로회복에 도움을 주고 피부미용에도 좋다는 등의 이야기에는 사실 별 관심이 없다. 영양학의 관점에서 봤을 때 그런 것들이 제대로 효과를 내기 위해서는 1년 동안 내내 복국만 먹어야 하기 때문이다. 그러니 내가 그 한 그릇의 복국을 먹고 원기회복을 했던 것은 위약효과일지도 모를 일이다. 아니면 단순히 계속된 찬 음식 섭취에 지쳐있던 위장에 온기가 전달돼 기운이 났을 수도 있다. 그럼에도 불구하고 지난여름 통닭 한 마리 대신 선택했던 그 담백하고 시원했던 복국은 지금 나와 아내가 별 탈 없이 게스트하우스를 운영하게끔 만든 원동력이라 믿고 있다.

내 옆 동네 팔월은 거봉이 익어가는 계절 

거제 거봉

아내는 포도를 좋아한다. 물론 봄소식을 알리는 딸기도 좋아하고 초여름 달콤한 참외와 손가락이 노랗게 변할 때까지 껍질을 벗겨먹는 귤도 좋아하지만, 그 중에서도 포도를 가장 좋아한다. "좋아하는 것들에 순서를 만드는 건 옳지 않은 일"이라 얘기하곤 하는 아내지만, 포도를 가장 좋아하는 게 틀림없다. 그래서 지난여름, 거제에 포도밭이 있다는 소식을 들었을 때, 아주 드물게, 나보다 먼저 나갈 채비를 하고 문 앞에서 기다리던 모습은 몹시 자연스러운 것이었다. 앞으로 어딜 함께 가야 할 때면 문 밖에 포도를 달아놔야 하나, 하는 생각을 갖게 만들 만큼.

거제 시장에서도 만나기 힘든 거제 포도

거제에서 포도를 많이 재배하는 곳은 둔덕. 시인 유치환의 생가가 있는 이곳에서 생산되는 포도를 시장에서는 만나기가 힘들다. 농원이 몇 곳 몰려있긴 하지만 대규모 출하를 할 만큼 그 생산량이 많은 것도 아닐뿐더러 우리가 찾아갈 때마다 몇 대의 자동차가 서 있는 걸로 봐서는 직접 판매하는 비중이 더 높지 않나 싶었다.

"내다 파는 건 별로 없어요. 와서 사가니까 출하를 하고 말고 할 것도 없지. 여기 포도는 아는 사람은 다 알고 있으니까."

맛뵈기로 내놓을 포도를 씻던 아주머니에게 "옆 동네 통영에서는 거제 포도를 본 적이 없다"고 묻자 "거제에서도 거제 포도 보기는 쉽지 않다"며 우리를 향해 싱긋 웃음을 보이셨다. 그 말은 사실이었다. 나중에 찾아보니 거제에서 수확하는 포도는 연간 50여 톤 정도. 경기도 안성과 화성, 안산에서 재배하는 포도만 해도 연간 1천 톤에 육박한다고 하니 비교 자체가 무의미하다. 충북 영동이나 경북 영천 같이 대규모 포도 재배지에도 댈 게 아니고. 하지만 유명하다고 해서, 전국적으로 많이 퍼져 있는 것이라 해서 반드시 좋은 것은 아니다. 농산물은 어디에 있든 균일한 품질을 보장하는 공산품과 성격이 다르니까.

둔덕이라는 동네의 위치는 조금 애매하다. 통영에서 찾아가려면 신거제대교가 아니라 구거제대교를 건너 좁은 옛날 길을 따라 달려야 하고, 거제 시내에서 찾아가려 해도 구불구불한 산길을 오르락내리락해야 하지만, 사람들은 그런 수고로움을 기꺼이 감수하고 포도밭을 찾는다. 무엇보다도 유통과정에서 필연적으로 발생하는 후숙 없는 신선함이 외면할 수 없을 정도로 매력적이라 그렇다.

많은 수의 과일은 후숙 과정을 거치게 되는데, 보관하는 동안 단맛이 더 깊어지기 때문이다. 감이나 바나나, 파인애플 등이 가장 대표적인 후숙 과일. 사과나 배 등도 제대로만 보관한다면 시간이 지나면서 당도가 높아진다. 포도의 경우도 수확한 후 단맛이 더 강해지는 것은 마찬가지다. 하지만 그에 반비례해 과육의 탄력이 줄어든다. 게다가 단맛만 강조되기 때문에 과일이라면 당연히 함유하고 있어야 할 선명한 신맛을 좋아하는 사람에게 후숙은 불필요한 일이다. 그러니 잘린 상태로 익은 게 아닌, 넝쿨에 매달린 채로 맛이 깊어진 포도는 시장이나 마트에서 사먹는 것과는 전혀 다른 맛을 선사하기 마련. 우리 부부가 일부러 길을 달려 농장까지 찾아갔

남해에서
알게 된
생생 정보

남국의 과일들

요즘에는 서울에서도 무화과를 보는 게 어려운 일은 아니다. 다만 무르기 쉬운 과일이라 현지에서 먹는 맛은 남다르다. 여름 한철 통영을 비롯 남쪽 도시의 시장에 나서면 갓 딴 싱싱한 무화과를 곳곳에 쌓아두고 파는 것을 불 수 있다. 아울러 무화과가 과일이 아니라 꽃이라는 점을 잊지 않으면 그 달콤함이 배가 된다.

반면 비파는 아직까지도 남쪽 지방 사람들만 알고 있는 재밌는 과일. 살구와 비슷한 생김으로 안에는 커다란 씨를 품고 있지만 새콤달콤하면서도 진한 과육은 다른 어느 것과도 닮지 않은 독특한 맛이다.

뿐만 아니라 겨울이 되면 통영 욕지도 노지에서 키우는 욕지 감귤도 출하되는데, 제주의 것보다 못생기고 신맛이 강하지만, 외려 그런 점 때문에 매력적이다. 우리 부부 역시 욕지 감귤에 한 번 맛을 들이곤 "제주 감귤은 싱겁다"는 이야기를 나누었을 정도니까.

던 이유 역시 바로 그 신선함 때문이었다.

요즘은 생활협동조합이 이곳저곳에 생긴 덕분에 믿고 먹을 수 있는 식재료를 구하는 데에 예전만큼의 어려움은 없다. 하지만 신선도 측면에서는 여전히 아쉬움이 많을 수밖에 없는 것 역시 사실이다. 대부분 회원제로 운영되는 특성상 상품의 회전이 그리 빠르지 않은 게 가장 큰 이유이다. 물론 예약을 통해 구입을 할 수도 있지만, 바쁘게 하루를 보내다 보면 그마저도 잊게 된다. 나 역시 그런 경험을 몇 번이나 갖고 있다. 그러니 자신이 살고 있는 곳 반경 한 시간 거리에 뭔가 맛있는 게 난다면 직접 찾아가는 편이 낫다고 나는 믿는다.

40여 분을 달려 농원에 도착한 아내와 나는 우선 바구니에 있는 커다란 거봉을 하나씩 입에 넣었다. 1년 만에 만난 것이니 반갑지 않을 수 없었다. 게다가 이제 막 넝쿨에서 따온 것이니 맛에 대한 기대 역시 그만큼 컸다. 그리고 우리는 곧 동시에 "으음~" 하는 감탄사를, 입도 열지 않고 코로 내뱉었다. 워낙에 알이 굵어 겨우 한 알임에도 입을 가득 채우는 포만감, 그보다 더 흐뭇하게 만드는 새콤하고 달콤한 과즙, 부드러우면서도 탄력이 있는 과육을 삼켰을 때 코끝에 맴도는 새콤한 향기까지 무엇 하나 기대에 미치지 않는 것들이 없었던 것이다. 덕분에 우리는 인심 좋은 농장 아주머니가 "얼마나 사가려고 그렇게 먹나?"고 물을 때까지 쉼 없이 거봉을 먹었다. 물론 포도밭에 들어가 어떤 모습으로 포도가 자라고 있는지 구경한 후에 한 상자를 구입하기도 했다. 기대를 배반하지 않는 신선함이 지갑을 열지 않고는 배기지 못하게 만들었기 때문이었다.

그리고 포도를 좋아하는 아내는, 앞서 이야기한 구불구불한 산길을 달려 거제 시내로 향하는 내내 뒷자리에 놓인 포도가 이리저리 흔들리다 혹시 터지기라도 할까 불안해하며 상반신을 뒤로 돌린 채 포도박스를 잡고

있다가 결국엔 공터에 차를 세우게 했다. 그리고는 자신이 앉아 있던 앞자리를 될 수 있는 한 앞으로 바짝 당기고 포도 박스가 앞좌석과 뒷좌석 사이에 딱 맞게 들어가 고정될 공간을 만든 후에야 안심하는 얼굴로 다시 "출발"을 외쳤다. 내가 운전하는 차에 동승한 이후 가장 불편한 자세로. 누가 뭐래도 아내가 가장 좋아하는 과일은 포도임에 틀림없었다.

여름 더위까지 고맙게 만드는 포도 주스

그렇게 포도와의 불편한 동승인 채로 도착한 곳은 통영과 거제를 통틀어

유일한 백화점이었다. 쇼핑을 하기 위해 찾은 것은 아니었다. 거봉이 나왔으니 이제 포도 주스가 나왔을 것이라는 생각 때문이었다. 그렇다고 해서 백화점 식품매장에서 판매하는 주스도 아니었다. 애초에 식품매장이라 불릴 공간도 없는 곳이긴 하지만.

5층인가 6층에 위치한 영화관 앞에는 대개의 영화관들이 그러하듯 주전부리를 파는 곳들이 늘어서 있는데, 그곳에서는 아마 전국 어느 곳보다 포도가 듬뿍 들어갈 게 틀림없는 주스를 사 먹어야 한다.

가장 전통적인 주스 재료인 오렌지와 파인애플, 키위 등이야 어디서나 쉽게 볼 수 있는 것들. 우리가 사랑해마지 않는 이곳에서는 계절에 따라 등장하는 딸기, 복숭아, 포도를 주문과 함께 믹서에 갈아주는데, 어느 호텔 카페에서 내놓는 것보다 훨씬 훌륭하다. 그래서 우리는 종종 통영에서도 상영하고 있는 영화를 일부러 거제까지 가서 보곤 했다. 게다가 이번엔 아내가 가장 좋아하는 과일로 만든 주스가 나올 계절이 됐으니 기왕에 거제에 온 길에 들르지 않을 수 없었던 것이다.

그리고 마침내 우리 손에 들어온 포도 주스는 컵의 마개까지 빼곡하게 차올라 있었는데, 단맛을 더하기 위한 약간의 시럽을 제외하고는 아무 것도 첨가하지 않았기에 말 그대로의 진한 포도색이었다. 맛의 신선함은 가히 조금 전의 거봉과 비견할 만했고 촘촘한 거름망을 빠져나온, 다시 말해 충분히 먹을 수 있게 부서진 포도씨의 식감은 마치 갓 포장을 뜯어낸 씨리얼처럼 바삭거렸다. 게다가 캠벨 포도 특유의 새콤한 맛이 입안 가득 퍼지니 그 지긋지긋했던 여름마저 고맙게 느껴졌다. 그 뜨거웠던, 그리고 끈적거리던 햇살이 없었다면 그 검푸른 포도 역시 없었을 테니까. 물론 이 아름답기까지 한 맛을 다시 만나기 위해 또 다시 한차례의 폭염을 견뎌내야 한다는 사실은 헐리웃 영화의 엔딩처럼 변함이 없지만 말이다.

우발적 간장게장 

통영 꽃게

우리 부부는 충동구매와는 그리 친숙하지 않은 편이라 생각해왔다. 물론 서울에서야 그런 경험이 없지는 않았다. 소비의 '핫 스팟'인 홍대 근처에 살 때만 하더라도 지금 당장 지갑을 열지 않으면 죄를 짓는 느낌을 받게 만드는 무언가를 만나는 일이 드물지 않았던 탓이었지만, 통영에서는 그럴 일이 별로 없었다. 가장 가까운 백화점은 거제에 있었고 그나마도 서울의 백화점들과 비교를 하자면 딱히 구매 욕구를 상승시키는 장치들도 없었던 터라 우리의 소비는 대부분 계획된 것들에서 큰 오차 없이 진행되곤 했다. 그런데 이런 패턴을 순식간에 무너뜨리는 아이템을 어느 날 시장에서 만나게 됐다. 꽃게였다.

남해에서 잡힌 살아있는 꽃게들

서울에 살 때, 꽃게는 오직 서해에서만 잡히는 건 줄 알았다. 꽃게철이 되면 방송국 카메라들이 온통 인천과 태안을 중심으로 한 서해로 다 몰리는 게 아닐까 싶을 정도로 서해 꽃게에 대한 이야기가 TV를 통해 쏟아져 나오기 때문이었다. 그런데 이런 잘못된 상식이 깨어진 건 지난해였다. 일 때문에 찾았던 여수의 한 식당에서 수조를 가득 채우고 있는 활기찬 꽃게를 보고 "이 게들은 서해에서 온 거겠네요"라고 묻자 "여수에서 잡힌 것"이

라는 대답을 듣고 말 그대로 '멘붕'이 왔다. "남해에서도 꽃게가 잡혀요?"
라고 재차 묻는 내 목소리는 당연히 평상시와 다를 수밖에 없었다.

"꽃게가 1년 내내 남해랑 서해를 오르락내리락 하니까 여수에서도 잡
히지. 잡히는데, 시장에는 잘 안 풀려. 우리처럼 해산물 전문으로 하는 데
서 다 입도선매를 항께. 여수 사람들도 여수에서 꽃게 나는지 모르는 경우
가 솔찮을 것이여."

식당 사장님의 설명에 새삼스레 다시 한번 수조 속의 꽃게들을 보았
다. 크기도 크기였을뿐더러 그 싱싱함이 내가 봤던 어떤 꽃게보다 우월했
다. 그런데 그런 꽃게를 얼마 후 통영 중앙시장에서 만나게 되었다. 아마
여수의 그물에 걸리지 않은 놈들이었을 게다.

점심시간에 짬을 낸 아내와 함께 잠깐 시장에 나갔다 다시 주차장 쪽
으로 향하는 길이었는데, 한 아주머니가 골목 바깥쪽에서부터 무언가를
가득 담은 통발 같은 것을 끌고 와 광주리에 풀어놓자마자 근처에 있던 사
람들이 우르르 몰려드는 게 눈에 들어왔다. 꽃게 때문이었다. 모두 숭어처
럼 펄떡이는 싱싱한 것들이었다. 그러자 수산물을 고르는 데는 이력이 난
통영의 주부들이 너나 할 것 없이 모두 가격을 물어보며 동시에 지갑과 주
머니에 손을 넣고 있었다. 무언가를 더 묻고 따질 필요가 없이. 미국의 한
만화영화에서 나온 "Shut up and take my money!"의 상황이 눈앞에서
펼쳐지고 있던 것이다. 게다가 우리 주변에는 무슨 일이 있어도 반드시 꽃
게를 구입해야 한다는 기합 같은 게 느껴지는 순간이었던 터라 나와 아내
는 그 순식간의 상황을 그저 어안이 벙벙한 채 바라만 보고 있었다. 그리고
마침내 그 꽃게가 얼마나 물이 좋은 것인지 확인한 아내도 급히 내 손목을
붙잡으며 "지갑 갖고 나왔지?"라고 묻는 지경에 이르렀다. 아내는 무언가
를 고를 때 굉장히 신중한 편이었던 터라 그런 '급박한 소비'는 생경할 수

밖에 없었지만, 잠시 진정하라고 말릴 수 있는 분위기가 아니었던 터라 나
역시 얼른 지갑을 꺼내 만 원짜리 지폐 몇 장을 아내의 손에 쥐어줬을 따름
이었다.

그렇게 무엇에 홀린 듯 사 갖고 온 꽃게는 가장 간단한 조리법인 찜을
해서 먹었는데, 당연히 훌륭한 맛이었다. 살은 부드러우면서도 탱글탱글
했고 조금 오래된 꽃게에서 나는 비린내도 거의 나질 않았다. 우리 부부의
충동구매 중 가장 만족도가 높았던 충동구매였을 것이다. 그리고 여름의
끝자락에서 우리는 다시 꽃게를 만났다.

꽃게는 봄과 가을 두 차례에 걸쳐 제철을 맞는데, 봄은 알을 품은 암케
가 가을은 수케가 제철이다. 물론 맛이야 고소한 알이 있는 암케가 더 낫지
만 가을 수케라고 무시할 수는 없는 일. 어쨌든 꽃게는 꽃게니까. 당연히
이번에도 시장에서 꽃게를 발견하자마자 아내는 지갑부터 꺼냈고 나는
그저 군침만 흘릴 뿐이었다. 집으로 돌아오는 동안 아내에게 물었다.

"이번엔 어떻게 해먹을 거야?"

"글쎄. 생각을 안 해봤는데."

"그럼 그냥 산 거야?"

"그렇지. 꽃게니까."

"그래."

조금은 개연성이 떨어지는 대화였지만, 통영 중앙시장의 '핫 딜'이었
던 터라 우리는 더 이상 아무 말도 없었다. 다만 이 꽃게를 어떻게 먹어야
하느냐는 문제는 좀 더 고민이 필요했다. 하지만 아내는 이 역시 차 안에서
금세 결정을 내렸다.

"간장 게장 해먹자."

"게장?"

"당신은 양념 게장을 더 좋아하지?"

"간장 게장도 좋아하긴 하는데, 그거 만드는 게 좀 까다롭잖아."

"괜찮아. 찾아보면 다 나와."

　물론 찾아보면 다 나오긴 한다. 하지만 나는 '장'이라는 단어가 들어가는 모든 음식에 경외와 공포를 함께 갖고 있었기 때문에 아내의 결정에 여전히 반신반의 할 뿐이었다. 물론 아내는 여전히 여유만만이었다. 우리가 직접 메주를 띄워 장을 담글 것도 아니니 그저 집에 있는 재료에 생강 따위만 더 첨가하면 된다며 나를 안심시켰다. 그리고 실제 그렇게 간장 게장이 만들어졌다.

　우선 게를 손질하는 일이 먼저였는데, 솔로 게를 구석구석 닦아내고 쓸모없는 부분, 그러니까 집게의 날카로운 곳이나 다리의 끝부분 등을 가위로 잘라주고 간장에 양파와 마늘, 파, 고추, 생강 등의 향신채와 설탕 등을 함께 넣어서 끓였다 식힌 후 거기에 손질해 놓은 게를 담가놓으면 그것으로 끝이었다. 물론 이틀에 한 번씩 간장만을 따로 따라내 끓이고 식혀 다시 꽃게가 담겨 있는 용기에 부어주는 것도 잊지는 말아야 한다. 나처럼 성격 급한 사람에게는 가장 힘든 일이기도 하다.

　그렇게 우리 부부가 만든, 아니 아내의 주도와 지시 아래 만들어진 게장은 대략 일주일 만에 완성이 되었다. 된장이든 고추장이든 간장이든, 역사와 민족의 자긍심이라 불리는 음식을 제조하는 일은 감히 나 같은 범부가 범접할 수 없는 영역이라 생각해왔던 터였다. 그래서 그것이 중요한 역할을 하는 음식 역시 전문가의 손길로 만들어진 것을 사먹는 게 가장 좋은 방법이라 생각해왔다. 그러니 천연덕스럽게 우리 밥상에 올라와 있는 게장이 내게는 적잖이 놀라운 일이었다. 게다가 그것이 우발적으로 만들어진 결과물이니 나는 내 손으로 씻고 다듬은 게를 발라먹으면서도 영 현실적이지 못하다는 생각만 되뇔 뿐이었다. 며칠도 안 되는 짧은 시간 안에 그 게장이 모두 말끔히 사라진 것이 더더욱 비현실적이었지만.

알싸한 바다로
- 남해

◉

남해는, 지금도 그렇긴 하지만, 원래 섬이다. 다만 이제는 삼천포와 하동에서 연륙교가 놓여 오고 가는 데에 전혀 불편함이 없긴 하지만 어디서든 푸른 바다를 볼 수 있다는 낭만적인 사실만은 여전히 변함이 없다. 게다가 그 안에 있는 풍경들 역시 낭만적이다. 아니 어쩌면 남해로 향하는 길부터가 그럴지도 모르겠다.

남해고속도로를 따라 달리다 사천요금소로 빠져 나와 계속 남쪽으로 방향을 잡고 길을 따르다 보면 삼천포대교를 만나게 되는데, '한국의 아름다운 길'로 선정되기도 한 이곳은 윤슬^{햇빛이 바다에 반사돼 은빛으로 빛나는 모습}이 가득한 남해 바다 위를 날아가는 것 같은 느낌을 줄 정도다. 그래서 남해로의 여행은 삼천포대교를 달리는 것만으로도 팔 할 이상의 보람을 느끼게 해준다고 해도 크게 잘못된 말은 아닐 것이다. 그리고 이 아름다운 다리를 건너 계속 직진을 하다 보면 창선교라는 작은 다리를 건너게 되고 왼쪽으로 뻗은 길을 따라 15분 정도 달리면 남해에서 가장 유명한 장소 독일마을-현재는 독일마을 뿐 아니라 미국마을도 조성됐다. 남해군은 장차 '올림픽 아일랜드'가 되는 게 목표인지도 모르겠다-에 도착하게 된다.

독일마을의 정확한 주소는 남해군 삼동면 동천마을. 산이 많고 바다와 접해 있는 남해군에서도 산과 바다를 함께 조망할 수 있는 몇 되지 않는 곳이기도 한 이곳에 그 유명한 독일마을이 둥지를 틀고 있는 곳이다. 하지만 이곳을 그저 하나의 관광지로만 인식하는 데에는 아쉬움이 따른다. 이제는 백발이 돼 돌아온 파독 광부와 간호사들이 조용히 노년을 보내고 있는 곳이기 때문이다.

꿈에서도 본 적이 없었을 타국에서 하루하루를 투쟁하듯 살던 그들을 위해 2001년 남해군에서 10만 제곱미터의 부지를 확보해 정착을 위한 마을을 조성하기 시작했다. 총 40여 동의 주택을 건설할 수 있는 택지 위에 현재 건축된 주택은 약 30여 가구. 자재는 모두 독일에서 수입한 것을 사용했고 독일에서 생활하던 파독 간호사와 광부들의 의견을 적극적으로 반영하거나 직접 설계토록 해 이국적인 분위기가 물씬 풍긴다. 그런 모습에 시선이 끌리는 것은 당연한 일이겠지만, 어디까지나 주거공간인 곳이니 마을을 돌아볼 때는 겸손하고 차분한 마음이 필요하다.

독일마을　　●홈페이지: 남해독일마을.com

◉

독일마을을 나와 처음 달리던 방향으로 내처 달리기 시작한 지 20여 분 정도 지나면 남해편백자연휴양림으로 향하는 길을 가리키는 표지판을 만나게 된다. 물론 미리 숙박 예약을 하고 피톤치드로 가득한 그곳에서 하룻밤을 보내는 게 가장 좋겠지만, 만약 숙박예약을 하지 못했더라도, 입장료만 지불한다면, 휴양림을 둘러보는 데에는 아무런 어려움이 없다.

40여 년 전부터 조림되기 시작한 편백나무숲은 그저 그 안에 들어가 있는 것만으로도 몸과 마음을 안정시키는 놀라운 힘을 갖고 있는데, 특히 피톤치드의 분비가 활발한 오전에 도착하게 되면 먼 곳까지 달려온 수고스러움을 한 번에 보상받을 수 있을 정도. 2월부터 11월까지는 숲해설가와 함께하는 체험 프로그램도 준비되어 있으니 사전에 문의한 후 참가하는 것도 숲의 더 깊은 곳까지 이해할 수 있는 기회가 될 것이다.

하지만 이곳의 진가는 이러저러한 설명이 없어도 충분히 만끽할 수 있다. 온통 푸른 향기로 가득한 숲을 따라 걷다 곳곳에 놓여 있는 벤치에 앉아 도시에서는 들을 수 없었던 자연의 소리, 그러니까 바람이 지나가는 소리나 새가 지저귀는 소리 혹은 알 수 없는 작은 생명체가 움직이며 내는 바스락거리는 소리를 들으며 깊게 심호흡을 하는 것만으로도 일상으로 말미암아 쌓인 두꺼운 무언가로부터 벗어날 수 있다. 만약 좀 더 적극적으로 편백나무의 기운을 느끼고 싶다면, 그리고 운이 좋다면 벌목해놓은 편백나무 옆에서 알싸하기까지 한 피톤치드의 향을 마음껏 들이마시는 것 역시 이곳을 이용하는 좋은 방법 중 하나가 될 게 분명하다.

남해편백휴양림 ●홈페이지: www.huyang.go.kr 접속 후 남해편백휴양림 선택
●전화번호: 055-867-7881
●입장료: 성인 1000원 / 청소년 600원 / 어린이 300원

◉

섬이니 바다가 흔한 것은 당연한 이치. 하지만 선택의 폭이 넓어지면 고민의 시간 역시 길어진다. 어느 곳이 가장 아름다운 곳일지 선뜻 판단이 되지 않기 때문인데, 남해에서는 그런 걱정을 깊게 할 필요가 없다. 은모래 해변으로 더 유명한 상주해수욕장을 목적지로 삼으면 되니 말이다.

백사장의 길이만 2킬로미터, 폭이 120미터에 달하는 넉넉하면서도 고즈넉한 해변은, 물론 여름을 제외한 계절에만 해당하는 얘기겠지만, 언제 봐도 여유롭기 이를 데 없다. 물의 깊이도 완만할뿐더러 완만하게 이어진 백사장과 은은하다고밖에 표현할 방법이 없는 부드러운 파도가 밀려오는 풍경은 그 모습 그대로 하나의 그림 같은 풍경, 혹은 풍경 같은 그림이 되어 그 안에 있는 사람은 누구나 아름답게 바꿔버리는 힘을 갖고 있다. 그러니 이곳에서는 왁자지껄하게 뛰어노는 것도 좋겠지만 조금은 천천히 여유를 갖고 한 바퀴를 둘러보거나 수심이 얕은 곳에서 둥둥 떠다니며 남해의 포근한 바다를 만끽하는 것이 더 좋겠다. 그게 남해가 갖고 있는 포근한 힘이니 말이다. 그리고 당신이 남해를 향해 달린 오랜 시간을 보상받을 수 있는 가장 좋은 방법이 될 테니 말이다.

상주해수욕장 등 남해 관광 정보   ● 홈페이지: tour.namhae.go.kr

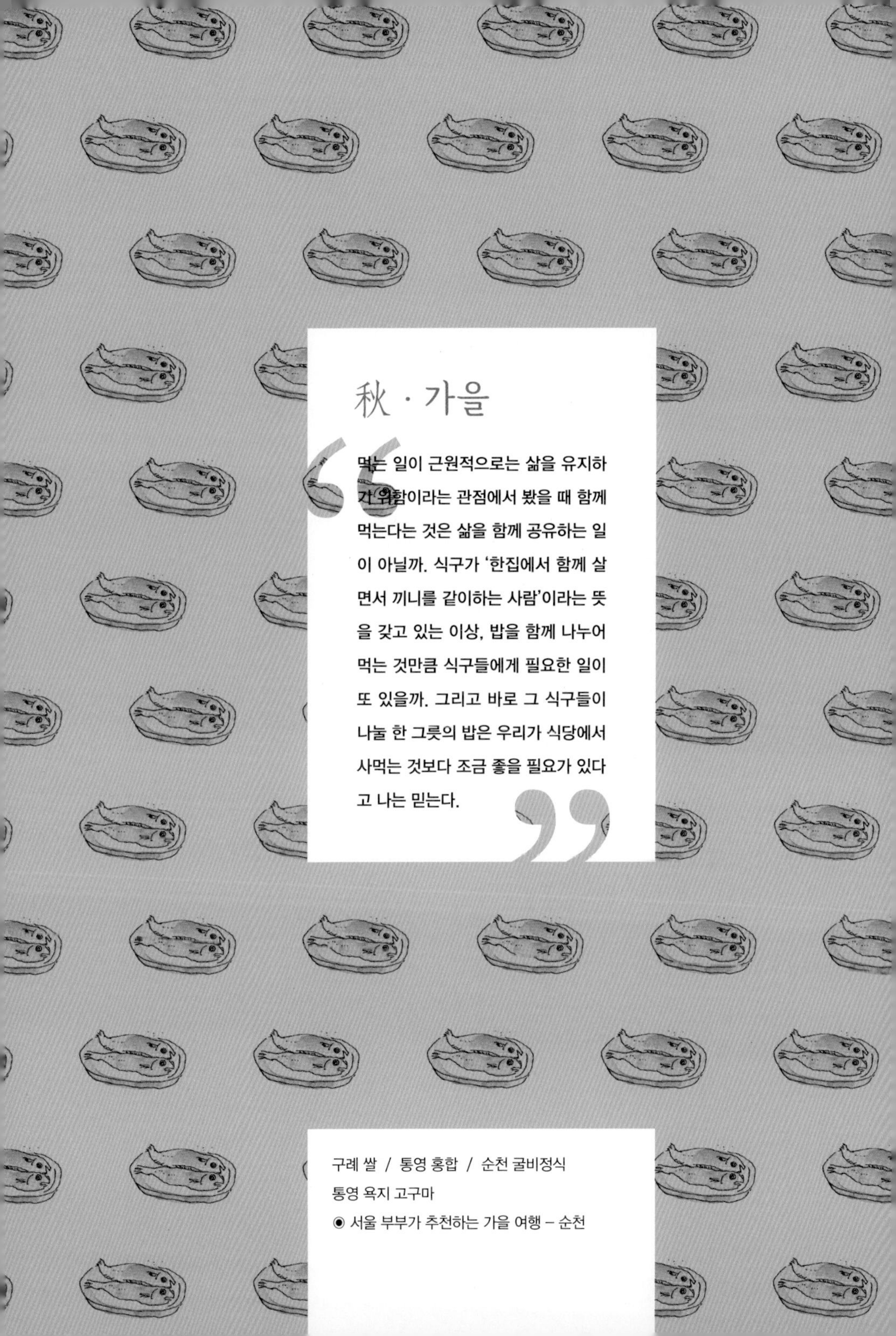

秋 · 가을

"먹는 일이 근원적으로는 삶을 유지하
가 위함이라는 관점에서 봤을 때 함께
먹는다는 것은 삶을 함께 공유하는 일
이 아닐까. 식구가 '한집에서 함께 살
면서 끼니를 같이하는 사람'이라는 뜻
을 갖고 있는 이상, 밥을 함께 나누어
먹는 것만큼 식구들에게 필요한 일이
또 있을까. 그리고 바로 그 식구들이
나눌 한 그릇의 밥은 우리가 식당에서
사먹는 것보다 조금 좋을 필요가 있다
고 나는 믿는다."

구례 쌀 / 통영 홍합 / 순천 굴비정식

통영 욕지 고구마

◉ 서울 부부가 추천하는 가을 여행 – 순천

우리는 어떤 밥을 나누어 먹고 있는가 

구례 **쌀**

통영에서 살아가며 종종 삶의 변화를 '새삼스레' 느낄 때가 있는데, 서울에 살았으면 평생 모르고 살았을 누군가를 만날 때가 그런 순간 중 하나다. 아니 정확히 표현하자면 '직업군'이라 해야겠다. 만약 나와 아내가 계속 서울에서 살고 있었다면 전남 구례에서 누구보다 정직하게 땅을 일구며 살아가고 있는 한 농부와의 만남은 불가능했을 테니까. 그래서 비슷비슷한 일을 하는 기획자, 디자이너, 포토그래퍼와 만나 클라이언트에 대한 불평을 늘어놓든지 점점 단가가 내려가는 '이 바닥'에 대한 한탄을 안주 삼아 그저 그렇고 그런 술자리만 이어갔을 테니까.

농사를 짓는 사람, 그리고 그의 가족과의 만남은 사실 업무적 필요에 의해서였다. 아내의 회사 일 때문에 알게 됐으니 사무적인 관계였다 표현하는 게 차라리 어울릴 수도 있겠다. 하지만 땅에 의지하고 하늘을 믿는 농사가 그러하듯, 한 번의 만남으로는 목적이 실현될 수 없었다. 이제 와 생각하면 고마운 일이었다. '일 때문'이라는 핑계로 통영에서 두 시간 조금 더 걸리는 구례까지 몇 번이나 왕복하다 보니 거기서 살아가고 있는 가족과 그들이 하는 일에 대해 좀 더 자세히 알 수 있었기 때문이다. 자연스레 구례를 바라보는 시야도 넓어졌다.

지리산 자락 아래 펼쳐진 아담한 평야에 시선이 편하게 머물 수 있는 높이의 산등성이도 아늑했다. 바다를 끼고 있어 조금은 시끌벅적한 통영과는 참 많이 다른 곳이었지만 괜히 정이 갔다. 그리고 변치 않는 산맥처럼 굳건한 신념으로 열심히 땅을 가꾸는 농부와 그 가족들의 모습은 포근하면서도 넉넉한 풍경 그 자체였다. 그리고 마치 그들이 살아가는 것처럼 자연스럽게 키우고 정성스레 수확한 쌀로 밥을 지어먹었을 때, 생명을 키우는 것이 얼마나 숭고한 것이고 또한 아름다운 것인지 절실히 깨닫게 되었다. 아울러 그동안 나를 포함한 많은 사람들이 '밥'에 대해 얼마나 무심했는지 깨닫게 되었다.

건강한 가족이 키운 건강한 쌀

우리가 흔히 '밥을 먹는다'고 이야기할 때 그 대상은 많은 경우, 쌀을 끓이고 뜸을 들여 소화되기 좋게 만든 밥을 먹는 행위를 뜻한다. 너무나 일반적이고, 그렇기 때문에 특별할 것 하나 없는 일과 중 하나이다. 어쩌면 그렇기 때문에 쌀에 대해서도 그저 보통의 관심밖에 기울이지 않았을지도 모른다. 하지만 바꾸어 생각하면, 그렇기 때문에 쌀에 대해서라면 그 어느 것보다 큰 관심을 기울여야 한다는 사실을, 나는 서울을 떠나 살면서 절감하게 되었다. 이유는 아주 간단했다.

앞서 여러 차례 이야기했던 것처럼 이곳에서 나는 재료들은 서울에서는 특정한 몇몇만 구할 수 있을 만큼 좋은 것들이다. 그리고 그것들은 대부분 밥과 함께 상에 오른다. 그런데 밥이 맛이 없으면 그것만큼 맥이 빠지는 일도 없다는 사실을 알게 된 것이다. 다시 말해, 다른 재료에 '지지 않는' 밥 한 그릇이 있어야 아름답고 건강한 한 끼가 완성된다는 뜻이다. 아마 외식을 많이 하는 경우라면 이런 의견에 크게 공감을 하지 못할 수도 있다. 일정 수준 이상이 아님에야 식당에서 사용하는 쌀의 품질은 그리 좋지

흙 위에서 함께하는 것이 너무나

자연스러운 가족.

더 없이 건강한 모습이다.

구례를 내려다 볼 수 있는 곳에 위치한 논의 규모는
그리 크지 않다. 하지만 그곳에서 재배한 벼의 품질은
무엇과도 비교할 수 없을 정도다.

못하기 때문이다. 물론 어쩔 수 없는 일이기도 하다. 마트 등에서 판매하는 쌀보다 두 배는 비싼 쌀로 밥을 지어 한 공기에 천 원씩 받아서는 남는 게 없을 테니까. 하지만 정말 잘 재배된 쌀로 밥을 지어먹어 본 사람이라면 매일 먹는 쌀밥 한 공기가 얼마나 중요한지 아마 잘 알고 있을 게다. 우리 부부가 그러하니까.

우리가 먹는 쌀에는 공장 등에서 생산된 인공적인 요소가 첨가되지 않았다. 쉽게 말해 화학비료나 화학농약으로 재배한 게 아니라는 뜻인데, 나와 아내가 만난 농부가 이렇게 힘든 방법으로 농사를 짓는 건 그가 바로 그 화학약품으로 죽을 뻔 했기 때문이었다.

"첨에는 나도 비료 많이 쓰고 약도 많이 치고 그랬지. 근데 시간이 지날수록 사람이 죽겠더라고. 약이 나한테도 오니까. 살자고 짓는 농사가 사람을 죽이면 어떡할 것이여. 그래서 나름의 방법을 찾기 시작한 거라."

농부는 공부를 시작했다. 철이 들기 전부터 농사를 지어왔던 터라 스스로 무학無學이라며 웃었지만, 그가 자연으로부터 얻은 각종 제재는 오히려 전국 각지의 연구소로부터 샘플 요청을 받을 정도로 뛰어난 효과를 자랑하고 있다. 물론 인공적인 것은 전혀 첨가되지 않았다. 은행, 녹차, 자소, 자귀, 담뱃대, 환삼덩굴 등 모두 산과 들에서 얻은 것들로 만들었다. 당연히 일은 늘었고 하루는 더욱 고될 수밖에 없었다. 하지만 그와 함께 땅이 되살아났고 농부와 그의 가족은 건강해졌다. 딸과 아들이 농사를 잇겠다고 나선 것 역시, 아버지로부터 보고 배운 농사가 기존의 것과 다르기 때문이었다. 또한 경제적으로도 만족할 만한 대가를 얻을 수 있는 한편 사람과 자연을 살리는 데에 보탬이 되는 일이 농사라는 확신이 들었기 때문이었다. 그런 가족이 키운 작물에서는 어떤 해로운 물질도 검출되지 않는 게 당연한 일이다. 농사를 짓는 많은 사람들이 갖고 싶어하는 무농약 인증서는, 그런 이유로 그저 한 장의 확인서에 지나지 않았다.

'밥'이 주인공인 식탁

그래서 지난가을, 추수가 끝나자마자 도정을 해 구례에서 보내온 햅쌀을 받았을 때, 우리는 과연 어떻게 해야 가장 맛있는 쌀밥을 먹을 수 있을지 고민을 했다. 밥을 짓는 방법부터 반찬으로 올릴 것들까지.

　　고민의 결과, 작은 사기솥과 밥그릇 몇 개가 살림목록에 추가되었고 경주에 놀러갔을 때는 일부러 양동마을까지 찾아가 그곳에서 오랫동안 살아온 할머니가 직접 띄운, 그래서 정말 강한 향이 나던 청국장도 구해왔다. 기름이 잔뜩 오른 고등어도 빼놓을 수 없었으며 아내가 만든 장조림 역시 그 진가를 발휘할 때가 왔다. 밥상의 고전이라 할 수 있는 명란젓과 밥의 은근하고 은밀한 맛을 살려줄 두부부침 역시 빼놓을 수는 없는 일. 이렇게 한 그릇의 밥을 위해 조금은 '오버스러운' 준비가 끝났다.

바쁘게 살아가는 사람들에게는 고작해야 밥 한 끼일 수도 있다. 매 끼니마다 거르지 않을 수 없는 일상적인 행위일 수도 있다. 하지만 그렇기 때문에 더 소중한 일이었다. 가족과 함께 상을 두고 앉아 밥을 먹는 것은 그 안에 담긴 정성과 노력을 나누는 일이다. 그것을 준비하는 동안 겪었던 일에 관해 이야기를 나누고 함께 먹는 음식의 소중함에 대해 공감하는 일이다.

물론 삶이라는 게, 그리고 생활이라는 게 그런 호사스러움-가족이 식사를 위해 모이는 것이 호사를 부리는 일이 됐으니, 뭔가 잘못 되어도 많이 잘못된 게 틀림없음을 다시 한번 확인할 수 있다-을 매일 누릴 수 없게 만들고 있다는 것은 잘 알고 있다. 하지만 일주일에 한 번이라면, 조금 더 양보해서 한 달에 한 번이라면 어떨까. 먹는 일이 근원적으로는 삶을 유지하기 위함이라는 관점에서 봤을 때 함께 먹는다는 것은 삶을 함께 공유하는 일이 아닐까. 식구가 '한집에서 함께 살면서 끼니를 같이하는 사람'이라는 뜻을 갖고 있는 이상, 밥을 함께 나누어 먹는 것만큼 식구들에게 필요한 일이 또 있을까. 그리고 바로 그 식구들이 나눌 한 그릇의 밥은 우리가 식당에서 사 먹는 것보다 조금 좋을 필요가 있다고 나는 믿는다.

평소 전기밥솥을 이용하는 것보다 오랜 시간과 정성을 들인 후 나와 아내는 갓 지은 밥을 앞에 두고 앉았다. 요즘 나오는 고등어가 참 맛있다는 이야기를 했다. 얼마 전, 오랜만에 찾았던 경주의 단풍 이야기와 그곳에서 사 온 청국장의 구수한 맛에 대해 이야기를 했다. 직접 만든 장조림이 점점 맛있어지고 있다는 칭찬에 "훗, 이 정도 갖고 뭘……"이라며 가볍게 웃는 아내의 모습을 보았다. 무엇보다 정직하고 정성스럽게 재배하고 수확한 후 곱게 도정한 쌀로 지은 밥의 향기로움에 대해 많은 이야기를 나누었다. 절로 웃음이 나게 만드는 식감과 모든 반찬과 자연스럽게 어울리면서도 선명하게 살아나는 맛에 대해 이야기를 나누었다. 이 쌀을 보내준 가족의 단단함에 대해, 그들이 앞으로 계속 이어갈 순환농법과 그로부터 얻게 될 열매들에 대한 기대감에 대해서도 이야기를 나누었다.

그리고 해가 바뀐 후 벚꽃이 질 무렵 태어날 우리의 아이와 함께 나눌 밥상에 대해서도 이야기를 나누었다. 함께 밥을 먹을 식구가 늘어날 것임을, 우리는 그때 새삼스레 깨달았다. 우리의 아이와 이렇게 좋은 밥상을 나눌 수 있음에 다시 한번 감사했다. 서울에 살았다면 평생 몰랐을 고마움이었다.

남해에서
알게 된
생생 정보

우리가 몰랐던 남도 음식

구례에서 재배되는 것이 쌀뿐만은 아니다. 가을이 아닌 초여름 추수철에는 햇밀을 만날 수도 있다. 통밀 알곡은 밥에 넣어 먹으면 색다른 맛을 느낄 수 있다. 구례 이곳저곳에서는 우리밀로 만든 다양한 음식들을 판매하고 있으니 한번쯤 먹어볼 일이다.

순천에서 잊지 말아야 할 것은 갯벌의 짱뚱어로 끓인 짱뚱어탕이다. 추어탕과 비슷한 맛을 내는데, 그보다 더 진한 감칠맛을 자랑한다.

스튜와 함께한 여행의 추억들 

통영 **홍합**

통영에 내려와 살면서 가끔씩 결핍을 느낄 때가 있다. 대부분은 서울에서 아무렇지도 않게 누리던 것들에 대한 기억 때문이다. 좀 더 정확히 이야기 하자면 음식에 대한 목마름인데, 특히 신혼생활을 했던 홍대 근처에서 무시로 드나들던 유럽식, 일본식 혹은 인도식 음식에 대한 갈증은 부산에나 가야 그나마 조금 풀릴 정도다. 그래서 가끔씩 우리 부부는 "이래서 아는 게 병이라는 말이 나온 모양"이라며 웃곤 했다. 만약 우리가 그런 것들, 그러니까 스페인식 샌드위치라든지 일본식 냉라면, 인도에서 온 주방장이 만든 커리와 난 같은 것들을 아예 모른 채 살았다면 문득 배 속 어딘가가 아니라 마음속 어딘가에 구멍이 난 것 같은 허기를 느끼지 않아도 좋았을 거라는 뜻이다. 하지만 어쩌겠는가. 이미 머릿속에 각인된 '빠다 맛'에 대한 향수는 평생을 가도 지우기 힘든 것일 테니 다시 서울 혹은 대도시로 돌아가 살지 않는 이상 참는 수밖에. 하지만 아내는 달랐다.

"간단한 건 우리가 만들어 먹을 수도 있잖아?"

중앙시장에 쌓여 있던 홍합을 보며 아내가 내게 건넨 말이었다.

우선 홍합을 샀다. 일반적으로는 반양식 혹은 반자연산이라 불리는 것과 달리 커다란 자연산 홍합이었다. 통영에서는 멍게 혹은 굴을 키우기 위해 바다 속에 내려놓은 종패나 수화연^{종패를 매달아 놓은 밧줄}에서 홍합이 저절로 자란다. 다른 곳에서는 종패장 등에서 인공적으로 키운 홍합을 부착시켜 바다에 내리는 것과 달리 통영 바다에서는 별다른 작업이 없어도 시기에

따라 알아서 잘 큰다. 하지만 기왕 해먹는 김에 좀 더 맛있는 홍합으로 요
리를 해보자는 생각에 한 손으로 다 쥐어지지 않을 정도로 커다란 홍합들
을 골랐다. 좌판의 아주머니는 "이리 큰 기는 해녀들도 못 따고 남자 잠수
부들이 들어가 따오는 기라"라며 홍합의 품질에 대해 자랑을 늘어놓았다.
하지만 물 좋은 홍합이 손질하기도 좋은 건 아니었다. 오랫동안 바닷속에
서 살아온 놈들이다 보니 껍데기에 지저분한 것들이 많이 붙어 있었는데,
그것들을 모두 제거하는 게 보통 일이 아니었기 때문이다. 특히 임신 초기
인 아내가 먹을 것이었으니 다른 때보다 훨씬 더 정성을 들여야 했다. 그랬
으니 홍합을 씻는 데에 동원된 기구들만 해도 철수세미, 가위, 칼, 식사용
나이프 등등 족히 대여섯 개는 됐다.

함께한 여행의 추억을 소스로 한 홍합 스튜

내가 그 괴물 같은 홍합들과 씨름을 하고 있는 동안 아내는 밑준비를 하고
있었다. 냄비에 레몬과 대파, 무, 월계수잎, 후추 등을 넣고 화이트 와인으
로 채운 후 내가 다듬어놓은 홍합을 모두 올리고 뚜껑을 닫았다. 우선 첫
번째 과정이 끝났다. 냄비가 한 번 팔팔 끓어오르길 기다리는 동안 우리는
괜히 신이 났다. 오랜만에 색다른 음식을 먹게 되었다는 기대감 때문이었
다. 아울러 홍합을 끓이고 있는 냄비의 진가 역시 오랜만에 빛을 발하게 되
었다. 그 무겁고 두꺼운 주물 냄비를 절실히(!) 원했던 건 아내가 아니라
나였다.
　　결혼 2년 차가 되던 해에 우리는 스페인과 포르투갈을 여행했다. 원래
신혼여행 목적지였는데, 어찌된 영문인지 자리를 구할 수가 없어 가지 못

자연산 홍합은 손이 많이 가지만, 그만큼 깊은 맛이 있다.

대파, 레몬, 화이트 와인 등 준비한 재료들과 깨끗하게 손질한 홍합을

넣고 한 번 끓여내 홍합과 육수를 따로 담아 둔다.

양파와 토마토, 쥐똥고추 등을
넣고 볶다가 토마토 페이스트, 홍합
데친 육수와 레드와인을 넣고 끓어오르기
시작하면 건져둔 홍합, 새우를 넣고
조금 더 끓인다.

했던 곳이었다. 그랬으니 시간이 흘러 그곳으로 향하기 전의 우리에게는 이런저런 계획들이 많을 수밖에 없었는데, 마드리드 근처의 아울렛에서 몇 가지 주방용품을 구입하는 것도 꼭 해야 할 일 중 하나였다(물론 그 역시 내가 세운 계획이었다). 아마 지금 다시 사오라 하면 절대 못 할 일이었다. 부피도 부피거니와 그 주물 냄비와 그릴의 무게를 어떻게 감당한단 말인가. 물론 당시에도 꽤나 고생을 했다. 그 많은 짐을 짊어지고 또 끌면서 포르투와 리스본을 거쳐 한국까지 돌아왔으니까. 하지만 그때의 수고스러움 덕분에 우리는 꽤 그럴듯한 홍합 스튜를 만들 수 있게 되었다며 몇 년 전의 무모함에 대해 즐겁게 이야기를 했다. 그러던 중 마드리드에서 먹었던 빠에야도 떠올랐고 포르투 특산인 30년 산 포트와인의 달콤함과 향기로움도 생생하게 기억해냈다. 에그타르트의 고향인 리스본에서 먹은 청어 구이와 안심 스테이크의 부드러움에 대해 이야기를 나누는 지경에 이르자 나와 아내는 어서 홍합 스튜가 완성되길 바라는 마음이 간절해졌다. 우리 마음속의 '빠다 향'에 대한 그리움이 그 어느 때보다 커졌기 때문이었다.

한소끔 끓어올랐던 냄비 속 내용물을 받쳐둔 체에 걸러냈다. 아직 뜨거운 냄비에 이번에는 올리브유를 두르고 양파와 마늘, 토마토와 쥐똥고추를 넣고 볶다가 토마토 페이스트를 붓고 이어서 레드와인과 육수를 첨가한 후 파슬리를 뿌렸다. 조금씩 끓기 시작할 무렵 입을 쩍쩍 벌리고 있던 홍합들과 시장에서 껍질을 벗겨 팔던 새우를 투하했다. 이미 한 번 익힌 것이기에 이 역시 한소끔 끓이기만 하면 충분했다. 그리고는 미리 차려놓은 상에 냄비를 올려놓고 힘들게 다듬었던 홍합의 속살을 포크로 꾹 찔렀다. 보통의 홍합들보다 훨씬 깊게 포크가 박혔다. 살의 탄력 역시 술집에서 기본적으로 깔아주는 홍합탕의 그것과는 천양지차가 느껴지는 것이었다.

그러니 그 커다랗고 두터운 홍합을 입 안에 넣었을 때의 충만감이야 더 설명할 필요가 없는 일. 게다가 오랜만에 느껴보는 이국적 밥상의 향기 덕분에 나와 아내는 홍합을 까먹는 내내 우리가 함께 다녔던 여행에 대해 그리고 그곳에서 먹었던 음식에 대해 더 이상의 갈증이나 아쉬움을 느낄 필요 없이 이야기를 나눌 수 있었다. 물론 상을 정리할 무렵에는 "나가사키에서 먹었던 카스테라가 참 맛있었는데 말이지"라는 한숨인지 한탄인지 모를 말을 내뱉기도 했지만 말이다. 물론 그 이야기의 주인은 나였고.

남도라는 이름의 밥상 

순천 **굴비정식**

경남의 끝자락에 살고 있지만, 난 전라도에 더 익숙하다. 여행을 더 많이 했던 곳도 전라도고 일 때문에 많이 찾았던 곳도 전라도였다. 당연히 경상도 사투리보다는 전라도 사투리가 훨씬 정겹다. 결정적으로 어머니께서 나고 자라신 곳이 전라북도 전주다. 그러니 내가 어렸을 때부터 먹어왔던 밥상 역시 전라도식이었다. 그래서 우리 집에서는 매일 저녁 메인 메뉴가 바뀌었다. 국이 있어도 탕은 따로 올렸고 고기가 있어도 생선이 빠지면 안 된다는 생각을 갖고 자랐다. 그러니 전라도에서 밥을 먹을 때는 밥상의 스케일과 상관없이 푸근한 느낌이 들곤 했다. 반대로 말하자면 경상도 밥상에 대해서는 어딘지 모르게 맥이 빠지거나 아쉬운 맘이 들었던 게 당연한 일. 그래서 난 지금도 괜히 우울해지거나 어딘가로 떠나고 싶어질 때면 그 목적지로 전라도 어디쯤을 헤아리곤 한다. 물론 언젠가는 전라도에서 살고 싶다는 마음도 갖고 있다.

후보지는 전주와 순천. 꼭 먹는 것 때문에 그런 것은 아니지만, 전주야 명실상부 최고의 전통과 기품을 가진 곳이고 순천은 전라남도 안에서는 경쟁자를 찾기 힘든 맛의 고장이다. ―사실 이런 정의에 대해 여수나 목포 사람들은 분명히 이의를 제기할 것이다. 전주야 그렇다 처도 순천에 관해서는 "밥상에 정이 없다"거나 "먹어도 먹은 것 같지 않다"고 평하는 일이 적지 않기 때문이다. 하지만 여수나 목포의 음식들은 서울 사람을 기준으로 보자면 간이 너무 세거나 균형미가 조금 아쉽다는 생각이 든다. 물론 어

디까지 공신력이나 객관성은 전혀 없는 나 혼자만의 판단이다- 그리고 그
런 아름다운 곳들이 통영에서 고작 두 시간 거리에 위치하고 있다. 다행스
러운 일이다.

음식 칭찬에 박한 전라도 사람들의 자부심과 손맛

내가 순천의 진면목에 대해 알게 된 것은 음식점 취재를 위해 일주일간 머
물면서부터였다. 물론 그 전에도 순천의 음식 수준이 높다는 이야기를 이
곳저곳에서 보고 들어왔던 터였지만 어디까지나 피상적인 것들이었다.
유명하다는 집을 모두 돌아다니며 대표적인 음식들만 골라먹을 수도 없
는 노릇이었거니와 거기에 소요되는 비용을 기꺼이 지불할 정도로 내 삶
이 풍족한 것도 아니었으니까. 하지만 일 때문에 순천에 기거하면서 나는
그곳 사람들이 음식에 대해 어떤 생각을 갖고 있는지 조금이나마 이해할
수가 있었다. 아니, 어쩌면 전라도 사람들의 음식관이라 해야 어울리겠다.

> "음식점이 새로 개업하면 일주일 안에 그 집 음식에 대한 평가, 주
> 방장 이력에 대해서 소문이 싹 돌아요."
>
> – 여수 출신 후배

> "전주라고 뭐 특별한 음식 있냐. 비빔밥? 그거야 외지 사람들이나
> 먹는 거지. 전주에 먹을 거 없어. 전주 말고 다른 데는 먹을 게 더 없
> 는 게 문제지만."
>
> – 전주 출신 친구

"전라도만큼 먹는 장사 많은 데도 없어요, 근데 전라도만큼 먹는 장사 잘 망하는 데도 없어요. 물론 경쟁이 치열해서도 그렇지만, 집에서 먹는 것보다 맛이 못하면 누가 밖에서 밥 사먹습니까?"

– 순천의 한 음식점 사장님

전라도 사람들은 음식에 대한 평가가 굉장히 박하다. "맛있게 먹었다"고 말하는 경우가 별로 없고 그저 "먹을 만하다"고 평하는 게 최고의 칭찬이다. 그래서 음식점에 대한 평가 역시 토박이들과 여행객들 사이의 간극이 엄청나다. 물론 어디든 그 정도의 차이만 존재할 뿐 토박이들과 여행객 사이의 평가는 다르기 마련이다. 통영의 수많은 횟집들 역시 토박이들로부터 "맛이 변했다" "양이 예전과 다르다" "요즘 장사가 좀 되는 모양이다" 등등의 안 좋은 소리를 듣는 곳이 적잖지만 막상 그런 곳에 서울에서 내려온 누군가를 데리고 가면 살아생전에 받아보지 못할 진수성찬을 마주한 표정으로 감격하기 마련이니까. 다만 전라도에서는 그 표정이 좀 더 극적으로 변한다. 남도에서 생산되는 산물이 모두 모이는 순천에서는 더더욱 그러하다. 나 역시 제대로 된 한정식상을 촬영하면서 그 스펙터클에 기가 질린 적이 한두 번이 아니었다.

한정식은 그 특성상 끊임없이 음식이 교체되기 때문에 상에 오르는 것을 한 번에 촬영하는 것은 애당초 불가능한 일. 당연히 가장 대표적인 것들만 몇 개 모아놓고 촬영을 할 수밖에 없었는데, 그나마도 어떤 앵글로 잡든 아쉬움이 남을 정도였으니 한정식집에 촬영을 갈 때면 자연스레 한숨부터 나왔다. 그랬으니 명백한 '메인 메뉴'가 정해져 있는 굴비정식은 내게 구원과도 같은 한 상이었다. 물론 찍기에만 좋았던 것은 아니다. 어떤 기술로도 담아낼 수 없을 만큼 훌륭했던 맛 역시 내가 순천을 돌아다니는 내내

잊혀지지 않았다.

　사실 굴비를 좋아하는 건 아니었다. 생선에 대해 그리 큰 호감이 없는 입맛 탓이기도 했거니와 납득할 수 없는 가격 때문이기도 했다. 그런데 강남의 어느 굴비 전문점에서 제대로 말린 굴비를 녹차에 만 밥과 함께 먹어 보고는 그동안 내가 굴비를 멀리 했던 게 다 내 얕은 경험 때문이라는 사실을 깨닫게 되었다. 그리고 얼마 후 공교롭게도 영광으로 출장을 가게 되었고 그곳에서 먹은 다양한 굴비들은 내게 '맛의 오의娛義'에 대해 가르침을 주었으니, 나는 그 후부터 굴비에 대해 경외심을 갖게 되었다. 하지만 나를 이끌고 굴비맛을 보여주셨던 한 공기업의 부장님은 댁으로 돌아가서 "아니 뭐 그런 묵잘 것도 없는 디로 손님을 델구 가셨소?"라는 타박을 사모님께 들었다고 한다. 전라도는 참 무서운 곳이다.

　통영에서 첫 여름을 보내던 어느 날, 마침 순천에 갈 기회가 생겨 촬영 때문에 방문했던 곳 중 한 곳으로 아내를 안내했다. 그리고 그간 더위 때문에 저 멀리로 사라졌던 입맛을 굴비 한 마리를 앞세워 잡아왔다. 참으로 놀라운 경험이었다. 그 후 부시로 우리는 그때의 그 굴비에 대해 이야기를 하곤 했지만 밥 한 끼를 먹자고 순천까지 가는 건 쉽지 않은 일이었다. 하지만 아내가 임신을 하니 상황이 달라졌다. 찜닭을 사러 마산까지 다녀왔으니 굴비 먹으러 순천에 가는 건 그리 큰 일이 아니었던 것이다. 그리고 마침내 가을이 막바지에 이르렀을 무렵 아내는, 그리고 배 속의 아이는 내게 굴비를 먹고 싶다 했다. 반가웠다. 아니 고마웠다 하는 편이 나앗으려나.

영광, 보성, 광양, 순천 등 남도 곳곳의 맛이 어우러진 한 상

물론 굴비를 생산하는 곳은 영광이다. 참조기를 잡아 염장한 후 바닷바람에 말리면 굴비가 된다. 하지만 그것을 다시 고추장에 절이거나 겉보리가 가득 담긴 항아리 속에 넣어 숙성을 시키는 '2차 가공'의 방법은 음식점마다 다르기 때문에 반드시 굴비를 영광에서만 먹어야 한다는 법은 없다. 게다가 순천은 전라남도의 중심지이다 보니 산과 바다, 들판에서 나는 다양한 식재료가 모두 모이게 되고 이것들을 간수하는 사람들의 손맛도 맵싸하다. 우리 앞에 놓인 음식들만 해도 그러했다.

녹차는 이웃 보성에서, 매실은 광양에서, 쌀은 순천에서 난 것을 사용했다. 김치와 젓갈이야 두말 하면 무엇할까. 간장과 된장, 고추장도 남도에서 재배한 콩과 고추로 직접 담그는 곳이었으니 그 한 상으로 우리는 남도의 맛을 한 번에 느낄 수 있었다. 특히나, 조금은 짜고 비린 굴비를 입에 넣고 차가운 녹차에 말아놓은 뜨거운 밥을 연이어 퍼 넣은 후 천천히 씹는 내내 끝없이 어우러지는 기름진 고소함과 비릿한 감칠맛, 그리고 그 모든 것을 아우르다 순식간에 말끔히 씻어버리는 쌉쌀함은 전국이 아니라 세계 어디를 가도 경험할 수 없는 복잡하면서도 조화로운 맛이었다.

그중에서도 먹을 때마다 그렇게 느끼지만, 감격적인 것은 굴비의 식감이었다. 거의 반건조 상태로 짭짤한 맛이 든 굴비는 지나치게 딱딱하지도 지나치게 물렁하지도 않은 상태로 구워진다. 그러다 보니 그 살을 씹으면 마치 입안에 달라붙는 듯한 느낌이 든다. 물론 그것이 불쾌한 느낌은 아니다. 오히려 기름진 �찐득함이 치아에까지 감칠맛을 더하는 역할을 하는 것이다. 남도 밥상이 그러한 것처럼 '질펀한 감칠맛'은 매번 숟가락질을 할 때마다 녹차가 모두 씻어낸다. 잡내나 이물감 같은 것은 남질 않는다. 그러

다 보니 그 맛은 아무리 반복한다 해도 질리지 않는 신기한 힘을 갖고 있었다. 아내 역시 이런 내 생각에 공감했다. 얼른 전라도에서 살고 싶다는 말에는 "이제 애 아빠가 될 사람이 그렇게 조급해서 되겠냐"는 말로 저지를 했지만 말이다.

하긴 우리가 통영에 내려와 살기 시작한 지 아직 1년 6개월도 되지 않은 시점이긴 했다. 참조기가 굴비로 변해가는 과정에 비유하자면, 이제 막 참조기 콧구멍에 영광의 차가운 바닷바람이 들어간 참이었다. 우리 부부 역시 서울에서부터 갖고 내려온 삶의 방식을 미처 다 버리지 못한 채였다. 수분이 빠지고 살이 꾸득해지려면 아직 시간이 좀 더 필요하다는 사실을, 나는 굴비를 씹으며 다시 한번 되새겼다.

고매를 찾아서 

바다의 땅이라 그런지 통영에서 나는 작물 중 유명한 건 손에 꼽을 정도다. 애초에 땅에서 짓는 농사의 규모가 크지 않은 탓이다. 그나마 요즘은 마늘을 주력 상품으로 밀고 있는 분위기인데, 옆 동네 남해 마늘의 위세가 워낙 대단하니 어떻게 될지는 예상을 하기 쉽지가 않다. 하지만 고구마라면 얘기가 달라진다. 강화와 해남의 호박고구마가 강세를 떨치고 있는 '고구마 판'에서 고군분투하고 있는 욕지 고구마—통영 사람들의 발음으로는 '고매'—가 바로 통영의 몇 안 되는 농특산물이다.

언젠가 한 커뮤니티에 '작년 이맘 때 욕지도'라는 제목으로 사진들을 올렸는데, 밑에 달린 댓글들 중 몇몇은 "전국 순대지도 같이 욕에 대한 지도인줄 알았네요"라는 내용이었다. 그만큼 그 이름이 생경한 데다 '욕지'라는 말 자체가 그리 익숙하지 않은 조어이기 때문이었다.

욕지는 '慾知', 즉 알고자 하는 욕구가 가득한 섬이라는 뜻인데, 소가야 시절 한 노승이 시자승을 데리고 연화도의 가장 높은 곳에 이르렀을 때, 수행하던 시자승이 섬을 가리키며 "저 섬은 무슨 섬입니까?"라고 묻자 노승이 "욕지도 관세존도(慾知島 觀世尊島)"라 대답한 데서 이름이 유래됐다고 한다. "알고자 하면 석가세존을 본 받으라"는 뜻으로 풀이된다는데, 지식이 일천한 데다 알고자 하는 의욕 역시 신라 비단처럼 얇디얇은 내가 그 깊은 뜻을 알 수는 없는 노릇. 하지만 깊은 도道를 모른다 해서 고구마의 맛까지 모르는 건 아니다.

　욕지 고구마는 꽤나 독특한 맛이다. 고구마는 크게 밤고구마, 물고구마, 호박고구마로 나눌 수 있는데 욕지 고구마는 밤고구마와 물고구마의 중간 정도라 해야겠다. 밤고구마처럼 살이 단단하지만 지나치게 퍽퍽하지 않고 물고구마처럼 쉽게 넘어가지만 너무 무르지도 않다. 물론 당도야 호박고구마에 미치지 못하지만 고소함과 함께 분명히 달콤함이 느껴지는 맛이었다. 하지만 원래 욕지 고구마는 맛 때문에 재배되던 게 아니었다고 한다. 워낙에 섬이 척박한 터라 고구마가 아니면 사람이 먹고 살 무언가가 나오지 않았기 때문이었다. 다시 말해 생존을 위한 필수불가결한 선택이 바로 고구마였다는 뜻이다.

　'욕지에서 자란 처녀는 쌀 서 말도 못 먹고 시집 간다'는 말이 있었을 정도로 욕지는 먹을 게 부족한 곳이었다. 지금도 욕지도를 한 바퀴 돌아보면 논은 없고 거의 대부분 고구마 밭이다. 남해 어업의 전진기지이긴 하지만 변변히 수확할 작물이 없던 사람들의 생명밭이기도 했던 그곳을, 이번 가을엔 나 혼자 찾았다.

욕지 고구마를 가장 맛있게 먹는 방법

평일임에도 욕지 선착장 부근은 북적였다. 날짜를 가리지 않는 행락객들과 낚시꾼들, 돌아오는 주말에 있을 축제 준비에 한창인 주민들까지 한 데 뒤섞여 있던 터라 나는 배에서 차를 내리자마자 도망이라도 치듯 해안도로를 타고 달렸다. 전국적으로 손꼽아 봐도 세 손가락 안에는 넉넉히 들어갈 풍광을 자랑하는 욕지도의 해안도로를 따라 삼십여 분 정도 느긋하게 달리다 보니 붉은 살을 드러낸 밭이 보였다. 대여섯 명의 사람들이 잘 구분

몽돌을 이용해 익힌 욕지 고구마는
흔히 맛보는 고구마와 전혀 다른 매력을 갖고 있다.

되지 않는 이랑과 고랑 사이에서 무언가를 캐고 있는 것을 보니, 분명히 고
구마 밭이었다. 차를 세우고 밭으로 걸어가며 인사를 건넸다. 고구마를 캐
시는 거냐 묻고는 요즘 고구마 가격이 어느 정도 되는지도 물었다.

　"올해는 태풍이 와서 작년보다 작황이 좋지 않아요. 그나마 여기는 바
람이 비껴가는 데라서 괜찮았지만 다른 데는 줄기부터 다 말라버렸으니
까. 아마 전체 수확량을 놓고 보면 삼십 퍼센트 정도는 줄었을 겁니다."

　그렇잖아도 이제 막 점심 식사를 하려던 참이었다며 아직 식전이면 같

이 한술 들자던 아저씨는 넉넉한 인상이었다. 갓 캐낸 고구마들도 아저씨를 닮아 알이 굵었다. 가만, 작년에 내가 샀던 건 이보다 작았는데.

"추석 전이나 11월 중순 이후에 나오는 건 작아요. 그럼 맛이 없지. 10월 초부터 11월 초까지 나오는 것들이 제일 맛이 좋고."

어떻게 된 게 작년의 우리 부부는 바로 그 맛이 없는 시기에만 욕지 고구마를 구입했다. 그럼에도 불구하고 맛이 떨어진다는 생각은 못했다. 그렇다면 이 시기의 욕지 고구마는 얼마나 맛이 있다는 뜻인가.

"쪄 먹는 것보다는 구워 먹는 게 나은데, 욕지도에 있는 해수욕장 같은 데서 몽돌을 주워서-일부 해수욕장에서는 무분별한 몽돌 반출로 해수욕장 지형이 훼손되어 몽돌 반출이 금지 되고 있다- 냄비에 깔고 구워 먹는 게 제일이지. 지금처럼 막 뽑아낸 거는 이틀 정도 후숙을 시키면 더 맛이 좋으니까 얼른 먹고 싶다고 해서 가자마자 먹지 말고 좀만 기다려요."

내 외모로부터 표출되는 식욕을 알아챈 아저씨는 연신 '조금만 기다리라'며 상자의 꼭대기까지 고구마를 잔뜩 채워주셨다. 나는 그득해진 기분으로 다시 집에 돌아왔다.

용케도 이틀을 참아 냄비에 찌듯이 구운 고구마는 참 맛있었다. 단맛이 그리 강하지는 않았지만 다른 고구마에서는 찾아볼 수 없는 고소함이 무엇보다 큰 특징이었는데, 어느 종자와 비교해도 우위를 점할 게 틀림없는 단단함도 풍미를 더하는 요소였다. 게다가 이렇게 육질이 좋은 고구마는 맛탕 등 다른 요리에 사용하면 좋겠다는 데에, 그리고 곧 그렇게 해먹자는 데에 나와 아내는 생각을 같이 했다. 물론 고구마를 손질해 튀기고 설탕물을 만들고 준비된 고구마를 거기에 볶는 과정을 감수할 마음이 생기기까지는 좀 더 오랜 시간이 지나야겠지만 말이다.

국물 맛을 살려주는 삼총사 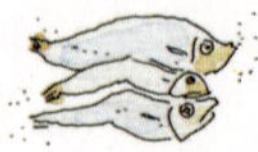

통영 **멸치, 띠뽀리, 솔치**

국물이 있는 거의 대부분의 음식은 육수를 사용한다. 그 재료가 되는 것들의 종류도 다양하다. 용도에 따라 닭, 돼지, 소는 물론이고 각종 향채류가 들어가기도 하며 약초도 맛을 내는 데에 중요한 역할을 한다. 동양과 서양을 막론하고 기본이 되는 맛을 만들기 위해서는 꽤나 많은 재료를 사용하고 있다. 물론 육수가 없어도 맛있는 것들이 있다. 흰살 생선을 이용해 끓이는 맑은 국들은 따로 육수를 우려내지 않으니까. 몇 번이나 이야기한 대구탕이나 물메기탕, 도다리쑥국 같은 것들이 대표적인 예다.

그렇다고 해서 통영 사람들이 육수를 내는 데에 관심이 없는 것은 아니다. 대표 어종이라 할 수 있는 멸치를 비롯해 띠뽀리-표준어로는 디포리. 청어과의 물고기로 우리가 흔히 밴댕이라 부르는 어종의 새끼이다. 하지만 나는 이상하게 통영 사람들이 발음하는 '띠뽀리'가 훨씬 정겨운 느낌이라 책에는 '디포리' 대신 '띠뽀리'를 사용하려 한다-, 솔치-청어의 새끼- 등을 언제고 구할 수 있기에 국물을 내기 위한 무언가가 부족할 일은 없다. 물론 서울 촌놈이었던 나는 육수란 모름지기 멸치로만 내는 것으로만 알고 있었다. 그런데 띠뽀리를 만나면서부터 얘기가 달라졌다.

띠뽀리는 생긴 것부터가 멸치와 확연히 구분된다. 비쩍 마른 모든 것들의 대명사인 멸치에 비해 좀 더 크고 널찍하다. 다른 점은 생김새뿐만이 아니다. 맛 또한 많은 차이를 보이는데, 멸치를 우려낸 육수가 시원하고 깔끔한 맛이라면 띠뽀리를 끓인 물은 구수하고 살짝 달짝지근한 뒷맛을 자랑한다. 그래서 나는 단골 건어물 가게에서 띠뽀리라는 놈을 알게 되고 그 맛을 본 후부터 멸치 대신 띠뽀리를 더 많이 사용하게 되었다. 그리고 가장 먼저 맛이 달라진 것은 된장찌개였다.

멸치로 육수를 낸 된장찌개는 칼칼한 맛이 가장 도드라졌던 반면 띠뽀리로 국물을 낸 된장찌개는 감칠맛이 더 깊어졌던 것이다. 그런 맛은 처음이었기에 우리 집 냉동실에 있던 멸치는 그 양이 쉽게 줄어들지 않았다. 그런데, 다 떨어진 띠뽀리를 보충하기 위해 다시 들른 건어물 가게에서 이번엔 새로운 무언가를 발견했다. 바로 솔치였다. 궁금한 마음에 우선 한 봉지 샀다. 그런데 막상 사놓고 보니 선뜻 손이 가지 않았다. 그 검은색 비늘 때문이었는지도 모르겠다. 그렇다고 해서 냉동실의 화석으로 만들 수는 없는 노릇이었던 터라, 어느 일요일 늦은 아침 혹은 이른 점심을 먹기 전에 아내와 함께 띠뽀리와 솔치, 멸치 사이에 어떤 맛의 차이가 있는지 한 번 실험을 해보았다.

띠뽀리   솔치   멸치

가장 위부터 시계 방향으로
멸치, 솔치, 띠뽀리.
색의 차이가 곧 맛의 차이였다.

우리 집만의 국물을 찾아서

방법은 아주 간단하고 원초적이었다. 세 가지 육수용 재료를 각기 다른 냄비에 끓인 후 그 국물을 맛보는 것이었다. 끓이는 시간은 대략 이십여 분. 속이 흰 그릇에 국물을 담아놓고 보니 색에서부터 차이가 보였다. 솔치 육수가 가장 노르스름했으며 그 다음이 띠뽀리, 멸치 육수가 맹물과 비슷한 색이었다. 맛도 색을 따라갔는데, 솔치는 간이 돼 있는 게 아닌가 싶을 정도의 짠맛이 났다. 그 덕분인지 무게감도 느껴졌다. 와인이나 커피의 맛을 평가하는 식으로 표현하자면 바디감(!)이 느껴지는 맛이었다. 띠뽀리는 예전에 느꼈던 것처럼 좀 더 부드럽고 완만한 맛, 멸치는 모두 알고 있는 것처럼 맑고 개운한 맛이었고.

 그렇다면 이 세 가지 종류의 육수 재료들은 각각 어느 음식에 어울릴까? 사실 정답은 없다. 각자의 입맛에 따라 알맞은 재료를 사용하면 되니까. 게다가 육수를 내는 데에 단 한 가지 재료만 사용해야 한다는 법은 그 어디에도 없으니 원하는 비율대로 멸치와 띠뿌리, 그리고 솔치를 섞어서 국물을 내면 되는 일이다. 물론 한 번에 황금율을 찾을 수는 없겠지만 몇 번이고 시도를 해보는 것만으로도 요리의 재미는 추가되는 법이니 꼭 한 번은 시도해볼 만한 가치를 갖고 있는 일이 아닐까.

 우리 집 역시 마찬가지였다. 세 가지 육수를 우려낸 후 그것들을 모두 한 데 섞은 후 거기에 다시 아내가 직접 다듬어 말린 거제산 표고버섯과 통영 앞바다에서 채취한 다시마를 끓여 깔끔한 국수 국물을 만들었으니까. 마트에서 파는 인스턴트 장국과는 비교할 수 없을 정도로 건강하고 깔끔한 맛의 국물을, 그렇게 스스로 만들 수 있다는 사실을 깨닫고 난 뒤 먹은 한 그릇의 국수는 이상할 만큼 넉넉한 충만감을 주었다. 물론 나 혼자 삼사 인 분의 국수를 먹어서 그랬는지도 모를 일이지만 말이다.

**남해에서
알게 된
생생 정보**

통영 중앙시장 맛나분식의 육수 블렌딩

중앙시장에 자리잡고 있는 많은 국수집들이 블렌딩을 통해 각자의 고유한 국물을 만들고 있다. 그리고 맛나분식은, 나와 아내가 가장 좋아하는 맛을 내고 있는 곳이다. 시원하면서도 구수한 국수 국물 맛이 일품이기 때문이다. 물론 잡내도 나질 않고 마지막에 혀에 남는 끈적거리는 느낌도 없다.

이곳에서는 멸치와 띠뿌리를 섞어 국물을 내고 있는데, 주인 아주머니는 그 비율이 대략 5:5 정도라 설명해주셨다. 통영에서 나는 국거리용 건어물이 워낙 좋기도 하다는 자랑도 곁들여졌다. 하지만 블렌딩이라는 게 다 그렇듯, 정해진 기준이라는 것은 없는 법이니 각자 원하는 입맛에 맞추면 된다.

맛나분식의 자랑거리 중 또 하나는 비빔국수. 매년 봄 1년 동안 쓸 비빔양념장을 만들어놓는데, 여름이 지나면서부터 그 맛이 깊어지는 신기한 메뉴다. 정성스럽게 말아주는 김밥도 곁들여 먹기 참 좋은 음식이고.

풍만한 도시의 속살
- 순천

순천은 남도의 여러 도시 중 가장 큰 도시다. 이러저러한 숫자로 비교를 하자는 얘기는 아니다. 인근의 광양이나 여수에 비하자면 생산력은 그리 높질 않고 면적 역시 독보적이지 않으며 인구도 압도적이지 않으니까. 그렇지만 순천은 여전히 남도의 중심 도시이다. 지금이야 그렇지 않을 수 있다 해도 오래 전부터 사람과 그 사람들의 문화와 그 문화를 지탱해 온 산물이 모두 순천으로 모여들었으니까. 그래서 순천은 여전히 여유로운 기운이 서려 있는 곳이다. 삼보사찰 중 하나인 송광사와 "그래도 송광사보다 해우소는 크다"는 기백이 살아 있는 선암사가 지금처럼 명찰이 된 것도, 낙안읍성에서는 여전히 겨울을 앞두고 이엉을 새로 얹는 것도 순천이 부족한 것 없는 도시였기 때문이 아닐까 싶다. 그런 곳의 가을은, 그래서 넉넉함을 넘어 풍만함까지 느끼게 한다.

순천에 도착해 가장 먼저 가볼만 한 곳은 송광사. 순천의 가장 외곽에 위치하고 있는 이곳은 여러 명의 국사國師를 배출해 승보사찰僧寶寺刹로 이름이 난 곳. 물론 그 명성에 걸맞게 절집도 크다. 다만 다른 절과 다른 점이 한 가지 있는데, 으레 절집에 있어야 할 세 가지가 송광사에는 존재하지 않는다. 탑과 풍경, 주련기둥이나 벽에 장식으로 써놓은 글귀이 바로 그것. 세 가지 모두 참선에 방해가 되는 것들이기 때문이란다. 즉, 보기 좋고 듣기 좋은 것들이지만 진리에 이르는 길을 찾는 데에 도움이 되지 않는 바에야 차라리 없는 게 낫다는 뜻이다. 송광사에서의 정진은, 그만큼 용맹함을 알 수 있는 대목이기도 하다.

그에 반해 선암사는 아담하다. 송광사는 경내가 탁 트여 있어 웅장한 느낌이지만 선암사는 아기자기하다. 일주문을 지나 절집까지 오르는 길 역시 송광사에 비해 작지만 그 덕분에 훨씬 고즈넉한 분위기를 만끽할 수 있다. 물론 오랫동안 선암사의 자존심을 지켜온 해우소만큼은 웅장하기 이를 데 없지만.

송광사	●홈페이지: www.songgwangsa.org
	●전화번호: 061-755-0107~9
	●입장료: 성인 3000원 / 학생(초, 중, 고) 2500원 / 소인 2000원 / 경로 무료
선암사	●홈페이지: www.seonamsa.net
	●전화번호: 061-754-6250
	●송광사와 선암사는 1박2일 휴식형 템플스테이와 체험형 템플스테이를 운영하고 있다. 자세한 내용과 비용, 신청은 홈페이지를 통해 확인할 것.
	●입장료: 성인 2000원 / 학생과 군인 1500원 / 어린이 1000원 / 경로 무료

◉

송광사 혹은 선암사에서라면 낙안읍성에 들르는 게 수월해진다. 그렇다고는 해도 사십 여 분은 달려야 하지만 간단한 요기를 하기 위해서라도 낙안읍성으로 방향을 잡는 게 크게 손해 볼 일은 아니다. 물론 전이나 묵 종류로 심심한 입을 달랜 후 성곽을 따라 한 바퀴 걸어보는 것은 더더욱 손해 볼 일이 아니다. 무엇보다 드라마나 영화 촬영용 세트처럼 보이는 곳에서 여전히 사람이 살아가고 있다는 사실을 발견할 수 있는 게 큰 소득이다. 만약 10월에 순천을 찾게 된다면, 그리고 마침 '남도음식문화큰잔치' 기간과 맞물리게 된다면 한 번쯤 관심을 갖는 것도 좋겠다. 이름만 축제인 게 아니라 실제 그곳에 참가하는 많은 수의 음식점들은 나름의 전통과 명성을 이어오고 있는 터라 내놓는 음식에 대한 자부심이 작지 않다.

낙안읍성	●홈페이지: www.nagan.or.kr
민속마을	●전화번호: 061-749-3893
	●이용 시간: 12월~1월 09:00~17:00
	2월~4월 · 11월 09:00~18:00
	5월~10월 08:30~18:30
	●입장료: 성인 2000원 / 청소년 1500원 / 어린이 1000원

◉

조금은 느긋하고 넉넉한 기분이 들 무렵의 오후 늦은 시각이라면 당연히 순천만 갈대숲으로 가야 한다. 꽤나 넓은 곳이기에 발을 들여놓는 순간부터 되돌아 나오는 내내 느긋한 기분을 잊지 않는 게 중요하다. 워낙 넓은 곳이기도 하거니와 급하게 진행되는 것은 아무 것도 없는 곳이기 때문이다. 그저 바람 소리와 갈대가 서로에게 기대며 내는 소리 혹은 짱뚱어가 칠게를 쫓는 소리나 들으면 된다. 물론 사람 많은 주말에는 전혀 불가능한 일이겠지만 말이다.

순천만
자연생태공원

- 홈페이지: www.suncheonbay.go.kr
- 전화번호: 061-749-4007
- 이용 시간: 관람시간 09:00~22:00(공원은 일몰시 / 천문대 22:00)
  매표시간 09:00~21:00(일몰 후는 생태관 / 천문대 관람객만 매표)
- 입장료: 성인 2000원 / 청소년 1500원 / 어린이 1000원

◉

순천까지 갔다면, 고개 하나 너머에 있는 벌교를 들르는 것도 좋은 선택이다.
11월부터 슬슬 제 맛이 돌기 시작하는 꼬막도 그러하지만, 소설 『태백산맥』의
무대가 된 공간을 직접 밟아보는 재미 역시 벌교 꼬막 못지않게 '찰진 맛'을
안겨준다. 아울러 소설 속의 '현부자네' 옆에 위치하고 있는 조정래 태백산맥
문학관도 관람을 추천하는 곳인데, 성인의 키보다 훨씬 높게 쌓여 있는 작가
의 육필 원고지를 보고 있노라면 사람이 할 수 있는 일의 한계가 과연 어디까
지인지 궁금해질 정도다.

태백산맥 문학관
- 홈페이지:　tbsm.boseong.go.kr
- 전화번호:　061-858-2992
- 이용 시간:　하절기 09:00~18:00 / 동절기 09:00~17:00(월 휴관)
- 입장료:　　성인 2000원 / 청소년 1500원 / 어린이 1000원

冬 · 다시 겨울

통영 물메기 / 통영 뽈락 / 통영 미역

푸딩 같은 겨울

통영 물메기

통영에서 첫 겨울을 맞았던 때, 우리 부부는 시장에서 아주 이상하게 생긴 생선을 봤다. 마치 몸에 뼈가 없는 것처럼 흐물흐물했을 뿐 아니라 입은 넓적하고 서로 가장 먼 곳에 자리 잡고 있는 양쪽 눈알은 그야말로 바늘귀만큼이나 작았다. 수염만 붙여놓으면 영락없는 메기처럼 생긴 그 생선은, 심지어 물도 없는 시장 바닥에서 살아 꿈틀거리기까지 했다. 꽤나 괴기스러운 장면이었다. 게다가 바로 옆에는 칼집을 내어놓은 것이 쌓여 있었는데, 불투명한 살이 툭툭 불거져 있었다. 도대체 저렇게 이상하게 생긴 것을 어떻게 먹는지 이해할 수가 없는 노릇이었다. 그래도 이름이라도 알아둬야겠다 싶어 물었더니 큰 칼로 그 물컹한 살을 도려내고 있던 아주머니가 고개도 들지 않고 답을 했디.

"미기^{메기}, 물미기다."

담백하고 감칠맛 넘치는 물메기의 맛에 눈뜨다

첫 만남이 이러했으니 물메기에 대한 호감이 생길 수가 없는 일이었다. 하지만 겨울 내내 통영은 물메기판이었다. 물론 겨울의 황제 대구가 좌판의 가장 좋은 자리를 차지하는 위엄을 보여줬지만 물메기의 물량 공세 속에는 속수무책이었을뿐더러 사람들 역시 비싼 대구보다는 저렴한 물메기를 찾는 경우가 많았다. 시장뿐만이 아니었다. 식당들 역시 물메기탕을 끓이기 시작했다는 안내를 하기 시작했는데, 생선을 취급하는 식당 치고 그렇지 않은 집을 찾는 게 더 어려웠다. 그러니 통영 전체가 온통 물메기로 뒤덮이는 건 아닌지 걱정이 될 지경이었다. 그러자 한편으로는 호기심이 생겼다. 도대체 어떤 생선이기에 이토록 많은 사람들이 물메기를 원하는 건지 궁금해졌던 게다. 대상에 대한 비호감은 호기심을 이기지 못했다. 게다가 새로운 음식에 대해서 언제나 진취적인 아내의 제안에 나는 마침내 물메기탕을 한 그릇 앞에 놓고 앉게 되었다.

도다리쑥국과 대구탕이 그러하듯, 물메기탕 역시 특별한 조리법은 없었다. 맹물에 무와 쑥갓 같은 채소, 마늘과 고추 같은 양념을 조금 넣고 물메기와 함께 끓이기만 하면 그만이었으니까. 그런데 이 역시 통영 사람들이 사랑하는 많은 탕과 마찬가지로, 지나치다 싶을 정도로 맛있었다. 그러니까 물메기가 갖고 있는 '외모 디스카운트'를 넘어설 정도의 개운하고 부드러운 맛이 나를 허탈하게 만든 것이다. 고작 반 년이나마 통영에 살면서 어지간한 생선은 한 번씩 맛을 보아왔다고 자부했던 터라 내가 받은 충격은 더욱 커질 수밖에 없었다. 무엇보다 그동안 '생선의 육질'이라 생각하던 것들과 천양지차의 식감을 보여주는 그 푸딩같은 살이, 물렁한 걸 싫어해 가지무침 같은 반찬조차 먹지 않는 내게 새로운 맛의 세계로 향하는 문을 열어주었다는 사실이 충격적일 수밖에 없었다.

보통의 경우, 흰살 생선으로 국물을 끓여먹을 때 우리는 "시원하다"고 표현한다. 붉은살 생선이나 등푸른 생선과는 근육 단백질 조성이 다르고 근형질단백질과 지방질의 함량이 낮은 반면 간지방질의 함량이 높기 때문이란다. 쉽게 말하면, 기름기가 적고 잡내가 안 나는 살을 갖고 있는 덕분이라는 뜻이겠다. 그런데 물메기의 경우는 그보다 더 담백했다. 거의 무미無味라 해도 좋을 정도로 담백했으니 비린내 같은 것은 언급하기조차 불경스러운 것이었다. 그럼에도 불구하고 감칠맛과 시원함은 능히 대구와 같은 반열에 올릴 정도로 수준 높은 것이었다.

재미있는 건, 이렇게 사랑받고 있는 물메기가 불과 수십 년 전만 해도 천덕꾸러기 취급을 받았다는 사실이다. 정확히 얘기하자면 물메기가 각광받기 시작한 건 대구의 수가 급감했을 무렵부터란다. 대구가 잘 잡힐 때는 물메기가 잡히는 족족 다시 바다에 버렸다고 하니 지금으로서는 상상하기 힘든 일이다. 하지만 대구가 멸종 위기까지 몰리며 자취를 감추자 사람들은 겨울 밥상에 올릴 '대구의 대체제'를 찾게 되었고 그 결과 물메기의 가치가 새롭게 조명되었다. 그래서 통영의 50대 이상의 어른들은 젊은 시절 물메기를 먹어본 기억이 없다고 회상하는 경우가 많다. 물메기는 경상남도 사람들이 결핍으로 말미암아 재발견하게 된 어종인 셈이다.

그런 '반전 있는 생선' 물메기의 집산지인 추도를 찾게 된 건 통영에서 두 번째 겨울을 맞이했을 때였다. 사실 1년 전 물메기의 진면목을 알게 된 후부터 추도에 대한 관심은 끝이 없이 높아졌지만 오전 7시 배를 티고 들어가 오후 3시 40분 배를 타고 나와야 하는 운항일정 때문에 선뜻 결심을 하기 힘들었다. 알아본 바, 그곳에는 추위와 바람을 피할 곳이 마땅치 않았기 때문이었다. 아무리 물메기가 지천으로 깔린 곳이라지만 거기에 있는 것들을 모두 한 마리씩 세어 볼 것도 아닌 이상 적어도 두세 시간은 하릴없이 찬바람을 맞고 있어야 했던 것이다. 그런데 어쩐 일인지 아내가 먼저 추도에 가보자는 제안을 했다. 아직 본격적으로 배가 불러오기 전인 데다 나보다 더 물메기를 좋아하는 터라 아내는 오랜만에 섬 여행을 하고 싶어졌다고 했다. 그렇다면 가야지 별수 없는 일이다.

물메기의 고장 추도의 겨울

평소보다 훨씬 일찍 일어나 보온병에 따뜻한 물과 커피를 따로 담고 차를
몰아 오랜만에 여객 터미널에 도착했다. 겨울이었음에도 사람들이 적지
않았지만 그들 대부분은 소매물도로 가는 길이었으니 우리가 올라 탄 작
은 배에는 승객이 몇 되질 않았다. 장판이 깔린 선실에서 꾸벅꾸벅 졸다 아
예 모로 누워 코를 골다 눈을 떠보니 어느 틈에 추도 미조항 근처에 도착해
있었다. 기지개 한 번 켤 틈도 없이 가방을 메고 아내와 함께 밖으로 나가
니 작은 마을은 온통 물메기로 가득 차 있었다. 무얼 해야 하나 고민을 하
던 중, 배에서도 내내 시끄러웠던 한 아저씨가 마을의 할머니께 큰 소리로
물었던 덕분에 물메기를 실은 배들은 10시나 되어 돌아온다는 사실을 주
워듣고 섬을 한 바퀴 돌아보기로 했다.

　　추도는 천천히 걸어도 한 시간 반이면 한 바퀴를 돌 수 있을 정도로 작은 섬이었다. 겨울이라 살풍경하긴 했지만 봄부터는 걷기 좋은 곳임에 틀림없는 곳이었다. 물메기 산지로만 알려지는 게 억울할 수도 있을 정도로. 하지만 그건 어디까지나 겨울 이후에나 어울릴 법한 이야기였다. 어쨌든 지금은 집집마다 골목마다 온통 주렁주렁 매달린 건 오직 물메기 뿐이었으니까.

섬을 한 바퀴 돌고나니 그제야 물메기들이 눈에 제대로 들어왔다. 시장에서 보던 것보다 월등히 큰 것들도 적지 않았다. 그런 것들로만 열 마리를 묶어 한 축을 만들어놓으면 시장에서는 20만 원 정도에 팔린단다. 물론 산지에서는 그보다 좀 싸게 구입할 수는 있지만 비싸다는 생각이 떨쳐지질 않았다. 마침 포구에 들어온 배에서 물메기를 트럭에 옮겨 싣는 것을 보니 '이렇게 흔한 게 왜 그렇게 비싸?'라는 생각은 점점 커져만 갔다. 뿐만 아니라 통영에 섬이 추도밖에 없는 것도 아닌데 왜 추도에서 난 물메기만 그리 귀한 대접을 받는 것인지, 볼수록 이해가 안 됐다. 그래서 마침 배에서 내리던 선장님에게 물었다.

"물메기가 연화도 근처에서도 많이 잡힌다면서요?"

말해놓고 보니 내 목소리에 심술이 잔뜩 배어 있다는 걸 깨달았다.

"미기야 통영에서만 잡히나. 전라도 보성 앞바다에서도 잡히지."

아무렇지도 않게 씩 웃는 선장님은 설명을 이어갔다.

"근데 통영 바다가 깨끗하고 물살이 빨라가 딴 데서 잡는 기보다 맛이 좋은 기지. 글고 연화도 근처에서는 미기를 잡아봤자 손질을 몬 한다. 그기는 사람 묵을 물도 없는데 미기 씨칠 물이라고 있겠나."

그러고 보니 포구 근처에는 물탱크가 몇 개나 있었는데 모두 물을 틀어놓은 상태였다. 미조항의 반대편에 위치한 대명항의 화장실에서도 잠겨 있는 수도꼭지가 없었다.

"추도 물이 얼매나 좋은지 아나? 사람이 그냥 마셔도 좋은 약수다. 이 물로 미기를 깨끗이 씨치가 바닷바람에 말리니 맛이 좋아지는 거지 암 데서나 이리 못 만든다."

추도는 여느 섬과 다르게 물이 굉장히 풍부한 섬이라는 사실을 나는 뒤늦게 깨닫게 되었다. 게다가 그 물이 좋다고 한다. 사방에서 불어오는 바람에는 오염된 물질 같은 게 있을 리 없었다. 선장님은 나와 아내에게 "추도 왔는데 미기국 한 그륵 묵어야 할끼 아이가"라며 앞장섰다. 그리고 도착한 곳은 선장님의 집 앞 작업장이었다. 이미 트럭으로 실어 나른 물메기들이 그득히 쌓여 있었고 그 주위로 사람들이 모여 앉아 그것들을 손질하고 있었다.

우선 등에 칼을 넣고 반으로 가른다. 아가미와 내장, 알을 빼내는데 그 중 아가미와 알은 젓갈을 만들 것이기에 따로 모아놓는다. 이어서 척추뼈에서 뻗어 나온 굵은 가시를 칼로 한 번 그어 잘라주는데, 말리는 과정에서 오그라들지 않게 하기 위함이란다. 이어 대가리 역시 반으로 갈라서 몸통 전체를 마치 데칼코마니처럼 펴놓는다. 그리고 추도의 맑은 물로 다섯 번 씻어낸다. 이 과정을 거친 물메기는 비로소 건조대에 걸리게 되는데, 한 번 걸어놓는 것으로 끝이 아니라 건조과정에 따라 뒤집어 놓거나 거꾸로 매달아야 한다. 이 기간이 적어도 일주일 정도. 손이 무척이나 많이 가는 과정을 거쳐야 했다. 더군다나 그 모든 일들은 찬바람이 부는 밖에서 이뤄진다. 그제야 잘 말린 큼직한 물메기 한 축이 10만 원 이상씩 팔리는 것을 이해할 수 있었다.

대략 30분 정도를 작업장 근처에서 서성이며 구경을 하던 중, 나와 아내는 자리를 뜨기로 했다. 선장님은 "미기국 묵고 가야지 어델 가노"라며 우리를 잡았지만 어마어마하게 쌓여 있는 물메기의 손질이 끝나야 국 끓일 물이라도 올릴 게 틀림없는 상황인 데다 아무 것도 하지 않고 그저 서 있기에는 날이 너무 추웠다. 왔던 길을 거꾸로 되짚어 걷더라도 우선 좀 움직여야 했다.

그래서 도착한 섬의 반대편 대명항에서 우리는 아까 봐두었던 식당으로 들어갔다. 그곳엔 우리 말고도 점심 식사를 기다리고 있는 사람이 더 있었다. 배에서 내리자마자 큰 목소리로 이것저것 참견하고 신기해하던 아저씨 부부도 있었으며 오가다 만났던 또 다른 중년 부부도 있었고 전날 도착해 이미 하룻밤을 추도에서 보낸 부부도 있었다. 평소에는 민박집에서 간단한 식사도 내주곤 했지만 제철을 만난 물메기를 손질하느라 여념이 없는 주민들에게는 밥 지을 시간도 모자랐던 탓에 결국 굶주린 여행객들은 추위에 떨며 한곳으로 모이게 된 것이었다. 그러다 보니 생전 처음 보는 사람들끼리임에도 불구하고 '서글픈 추위'가 가득했던 추도에서의 반나절에 대해 서로를 위로하기도 했다.

그런 사람들 앞에 놓인 것은 단출하지만 따뜻한 음식들이었다. 말린 물메기로 국을 끓이고 또 찜을 했다. 국은 담백했고 찜은 감칠맛이 가득했다. 거기에 소주가 몇 순배 돌았다. 금세 몸이 훈훈해지며 기분도 좋아졌다. 거제, 진해, 울산에서 온 사십 대, 오십 대, 칠십 대의 부부들 틈에서 우리 부부 역시 함께 웃고 이야기하며 갓 지은 밥과 함께 물메기 요리를 잘도 먹었다. 찬바람을 맞으며 돌아다니지 않았다면 그만큼 맛있지도 고맙지도 않았을 거라는 생각도 문득 들었다. 한겨울 외딴 섬에서의 오후는 그렇게 푸딩처럼, 아니 물메기살처럼 말랑말랑하게 지나갔다.

뽈락을 굽던 저녁 

통영 **뽈락**

원래 이름은 볼락이다. 하지만 사람들은 뽈락, 뽈라구, 뽈낙이(이상 경남과 전남), 꺽저구(경북), 열갱이(강원도), 구럭(함경남도) 등으로도 부른다. 아마 한반도에서 잡히는 고기 중 가장 많은 이름을 갖고 있는 게 아닐까 싶을 정도로 지역마다 부르는 게 다르다. 그만큼 널리 퍼져 있는 고기이기도 하다. 암초가 있는 연안이라면 어디서든 살아가는 적응력이 뛰어난 물고기이기 때문이다. 나와 아내가 게스트하우스의 이름을 굳이 '뽈락하우스'라 지은 것도, 통영 사람들이 가장 좋아하는 고기가 뽈락이기도 했거니와 어디든 가지 않는 곳이 없는 씩씩한 녀석이었기 때문이다. 그런 뽈락을 드디어 겨울이 끝나갈 무렵 다시 만났다.

중앙시장에는 항상 사람이 많다. 주말에는 더더욱 그러하다. 대부분은 외지에서 온 관광객들이다. 그리고 그들이 가는 곳은 정해져 있다. 주로 횟감용 활어를 파는 곳들인데, 그래서 그 활어 골목을 지나가는 건 때때로 꽤나 힘든 노동이 되기도 한다. 그 붐비는 곳에서 겨우 몇 발만 더 나아가면 아주 작은, 시장 속의 시장이라 불러도 좋을 곳이 나타난다. 대부분 그날 잡힌 고기를 비롯한 이러저러한 자연산 해산물들이 좌판을 차지하고 있는데, 신선도만큼은 시장 안에서도 가장 좋다 해도 큰 무리가 없을 정도다. 다만 오늘 팔던 것이 내일도 있을 것이라는 기대는 하지 않는 것이 좋다. 바다의 사정에 따라 잡히는 것이 다르고 그에 따라 팔리는 것 역시 달라지기 마련이니까. 나와 아내는 바로 그런 점 때문에 그곳을 좋아한다.

지금, 여기에서만 만날 수 있는 맛

통영에 놀러온 많은 사람들은 주로 회를 사 먹는데, 근해에서 양식하는 고기의 종류가 꽤나 많기 때문이다. 물론 자연산도 적지는 않다. 하지만 회 외의 다른 것들에 대해서는 무감각한 경우가 많다. 봄이면 도다리와 도미와 멍게, 소라가 좋고 여름이면 갯장어와 농어, 그리고 눈볼대의 맛이 한창이다. 가을이면 감성돔과 해삼과 삼치, 홍합의 가치가 높아진다. 겨울에는 대구와 아귀, 물메기를 먹지 않고는 배길 수가 없음에도 불구하고 사람들이 주로 고르는 건 언제나 광어와 우럭이 대다수다. 물론 서울에서는 상상도 할 수 없는 가격에 구입하게 되는 대부분의 횟감이 양식산이기에 이제는 제철을 따지는 것도 그리 큰 의미가 없는 일이기는 하다. 하지만 기왕에 시장에 나갔다면 활어가 아니라 선어-우리가 생선이라 부르는 것들-를 파는 아주머니에게 한번 물어볼 만도 하다. 요즘 제철인 게 무엇이냐고. 누구보다 바다에서 나는 것을 많이 먹어온 사람들로부터 정보를 얻고 그들이 먹는 것처럼 한 끼를 해결해보는 것도 여행의 재미 중 하나일 텐데, 그런 선택을 하는 사람은 그리 많아 보이질 않는다.

아내와 함께 금방이라도 껌뻑거릴 것처럼 초롱초롱한 눈을 하고 있는 큼직한 뽈락 세 마리를 사서 다시 시장을 되돌아 나오며 나는 여전히 광어와 우럭에만 관심을 보이는 관광객을 지나쳤다. 집에 돌아오는 내내 안타까운 마음이 가시질 않았다.

뽈락은 손질을 할 게 없다. 더군다나 투명한 눈알과 완숙 토마토에서 나 볼 수 있는 빨간색으로 가득한 아가미를 갖고 있는 신선한 뽈락이라면 더더욱 그러하다. 우리는 그런 뽈락을 숯불에 구워 먹기로 했다. 탕이나 찜으로 해먹어도 훌륭한 뽈락이긴 하지만 좋은 재료일수록 가장 간단한 조

리법이 가장 맛있는 요리를 탄생시키는 법이니까.

전날 아내가 선물로 받아온 싱싱한 소라를 가장자리에 깔고 뽈락 세 마리를 그릴 위에 올렸다. 돼지고기 목살 한 근은 넉넉히 올릴 수 있는 그릴이 순식간에 가득 찼다. 뽈락이 익기를 기다렸다. 그리고 우리가 '뽈락 하우스'라는 이름을 지었던 때를 떠올렸다.

나는 나와 비슷한 여행을 하는 사람은 그리 많지 않을 거라 생각했다. 그래서 아내와 결혼했다. 우리는 여행을 하는 방법이 꽤나 많이 닮았기 때문이었다. 많이 보는 것보다는 깊게 보는 것을 더 좋아했고 이번에 못 보면 다음에 다시 올 수 있다는 마음으로 게으르게 움직이는 것도 똑같았다. 가급적이면 여행지에 살고 있는 사람들로부터 정보를 얻고자 했으며 거기에서 살아가고 있는 사람들의 삶의 방식을 그곳의 풍경보다 더 흥미로워했던 것 역시 쉽게 찾지 못하는 공통점이었다. 그래서 우리는 바위가 있는 바다라면 어디서든 살아가는 뽈락을 게스트하우스의 이름으로 사용한 것

이다. 부디 통영에 대해 좀 더 많은 것을 알고 싶어 하는 씩씩한 여행자가 많이 찾길 바라는 마음으로.

하지만 실제 게스트하우스를 운영해보니, 안타깝게도 그런 여행자는 그리 많질 않았다. 통영에 워낙 유명한 것들이 많기 때문일 수도 있었다. 동피랑 마을과 케이블카와 소매물도. 오전에 출발해 통영에 도착한 여행자들은 곧바로 동피랑 마을로 가 한 바퀴를 돌아보고 케이블카를 타고 통영을 조망한 후 저녁을 먹고 우리 집으로 온다. 하룻밤을 보내고 아침 일찍 소매물도로 향하는 배에 올랐다 오후에 돌아와 다시 버스를 타고 출발했던 곳으로 돌아가는 게 일반적인 코스였다.

처음엔 우리 부부가 좋아하는 곳들, 그러니까 문패마다 거기 사는 사람의 이야기가 있는 연대도나 햇살이 좋은 날 한가롭게 시간을 보내기에 더 없이 좋은 당포성지, 산책길로는 그만한 곳을 찾기 힘든 미래사의 편백나무 숲 등을 소개하기도 했지만 통영을 찾는, 그리고 우리 집을 찾는 여행자들 대부분은 아주 선명한 목적의식과 강한 성취욕을 갖고 있었기 때문에 TV나 잡지, 파워 블로거들이 소개하지 않은 낯선 곳에 대해서는 큰 호기심을 보이지 않았다. 게다가 될 수 있는 한 짧은 시간 내에 모든 것을 보려하는 경우가 대부분이다 보니 거기에 무엇인가를 더 끼워 넣을 여유가 없었다. 통영에 할당된 여행은 이번이 처음이자 마지막이라는 결의 같은 게 느껴지는 여행자들도 적지 않았던 것이 사실이다. 그러다 보니 차츰 내가 좋아하는, 그리고 내 소개로 다녀온 여행자들 대부분이 크게 만족했던 그 작고 아름다운 곳에 대해 이야기하는 것을 그만두게 되었다.

물론 "아직 정해진 것이 없다"며 자신에게 맞는 여행지에 대한 추천을 부탁해 오는 여행자에게는 될 수 있는 한 많은 정보를 주려고 한다. 그 수가 많지는 않지만, 그래서 그들의 존재는 내게 더 고맙기 이를 데 없었다.

제철 해산물을 먹자!

통영만큼 계절에 따라 먹을 수 있는 게 다양하게 변화하는 곳이 없음에도 불구하고, 몰라서 그러는 건지 알고도 귀찮아 그러는 건지, 여행자들이 먹는 건 거의 정해져 있다. 만약 펜션처럼 조리가 가능한 곳에 묵는다면 좀 더 특별한 선택을 해보자.

봄 도다리, 도미, 눈볼대, 멍게, 소라, 털게, 바지락
여름 눈볼대, 농어, 전복, 민어
가을 광어, 꽃게, 삼치
겨울 굴, 물메기, 홍합, 뽈락

이상의 재료들은 아주 간단한 방법으로 조리하거나 혹은 그저 구워 먹기만 해도 좋은 것들이다. 흔히 시장에서 보던 것들이라 해도 통영 시장에서 나오는 것들은 그 신선도가 비교할 수도 없을 만큼 좋으니 꼭 한 번 먹어보길 권한다.

여행은 누군가의 말대로 움직이는 게 아니라 내가 좋아하는 곳을 발견하기 위해 떠나가는 과정이라는 생각이 틀리지 않았음을, 그런 여행자들로부터 확인받고 있는 셈이니까.

자신에게 맞는 진짜 여행을 즐기는 사람들을 생각하다

숯 전체에 불이 붙어 본격적으로 화력이 강해지기 시작했다. 타는 냄새가 조금씩 나기 시작했을 즈음 뽈락을 뒤집었다. 검게 그을린 부분이 있긴 했지만 뽈락의 두꺼운 껍질만 걷어내면 되는 일이었으니 문제가 되지는 않았다. 다시 뽈락하우스에 대해 생각을 시작했다.

그렇다면 통영을 찾는 여행자들이 더 많은 것을 보고 경험할 수 있도록 나는 어떤 역할을 해야 할까. 지금처럼 그저 먼저 물어오는 여행자들에게만 정보를 제공하는 것으로는 통영이 동피랑과 케이블카와 소매물도만 있는 곳이 아니라는 사실을 알리는 데에는 한계가 있을 텐데. 쉽게 답이 나지 않는 문제 때문에 나는 자칫 뽈락을 모두 태워버릴 뻔했다.

아내는 부엌에서 채소 몇 가지를 굽고 잘라 샐러드를 준비해놓았다. 뽈락까지 한 상에 올리고 앉으니 문득 함께 떠났던 포루투갈에서의 여행이 떠올랐다. 리스본에 도착한 첫날 저녁 찾아갔던 한 식당에서 나는 안심 스테이크를, 아내는 청어 구이를 먹었는데 그 청어의 맛이 참 기가 막힐 정도로 좋았다. 생선을 오븐이나 프라이팬이 아니라 통째로 그릴에 구워 샐러드와 함께 먹어도 좋다는 사실을 우리는 거기에서 알게 되었다. 그 동네에서 살아가고 있던 호텔 직원이 추천해준 식당이었다. 덕분에 우리의 리스본 여행은 꽤나 즐거웠다. 첫 식사만큼 여행지의 인상을 좌우하는 아이템도 그리 흔치 않으니까. 아니, 하나가 더 있긴 하다. 바로 숙소. 먹는 것만 큼이나 잠자리 역시 여행자에게 빼놓을 수 없는, 그리고 민감한 요소이다. 나는 여행자들을 대상으로 그런 중요한 일을 하고 있는 중이었다. 그리고 내가 생각하는 여행이 과연 온당한 것인가에 대해 의문이 점점 커지고 있 는 중이기도 했다.

조금 느리고 조금 독특하고 그래서 조금 일반적이지 않은 여행이라는 게 과연 보통의 여행자들에게 어울리는 것일까. 주말밖에는 시간을 내지 못하고 여행에 쓸 수 있는 예산 역시 한정되어 있는가 하면 가끔은 내 노트 북까지 빌려 여행지에서 업무를 처리해야 하는 사람들이 있는 마당에 평 범하지 않은 여행에 대해 이야기하는 것은, 여유가 없는 사람에게 억지로 사치를 강요하는 것과 크게 다르지 않은 일일 것이다. 그렇다고 해서 뽈락 하우스를 그저 잠만 자고 가는 곳으로 만들고 싶은 마음은 아무리 시간이 흐른다 해도 생기질 않을 게 틀림없었다.

이런 저런 생각을 하느라 상 앞에서 가만히 있는 사이에 아내는 뽈락 의 탄 부분을 걷어내고 뼈를 발라냈다. 역시나 속은 딱 적당하게 익어 있었 다. 살을 크게 떼어내 먹으니 담백하면서도 기름기가 올라 있는 고소한 맛 이 입안에 확 퍼졌다. 다른 흰살 생선들이 자칫 밋밋하거나 퍽퍽할 수 있는 반면 뽈락은 살에 탄력도 가득했다. 통영 사람들은 새끼손가락보다 조금 더 작은 뽈락을 김장 김치에도 넣어 함께 삭히기도 하는데, 그렇게 담근 뽈 락김치는 감칠맛이 정말 어느 무엇과도 비할 수 없을 정도다. 그래서 뽈락 의 맛은 통영 사람들을 닮기도 했다. 투박하고 거친 면이 먼저 눈에 들어오 긴 하지만 담백하고 느끼한 부분이 별로 없다. 하지만 통영에 여행 오는 사 람들 중 이 뽈락의 가치를, 그리고 통영 사람들의 진면목을 알고 가는 이는 얼마나 될까.

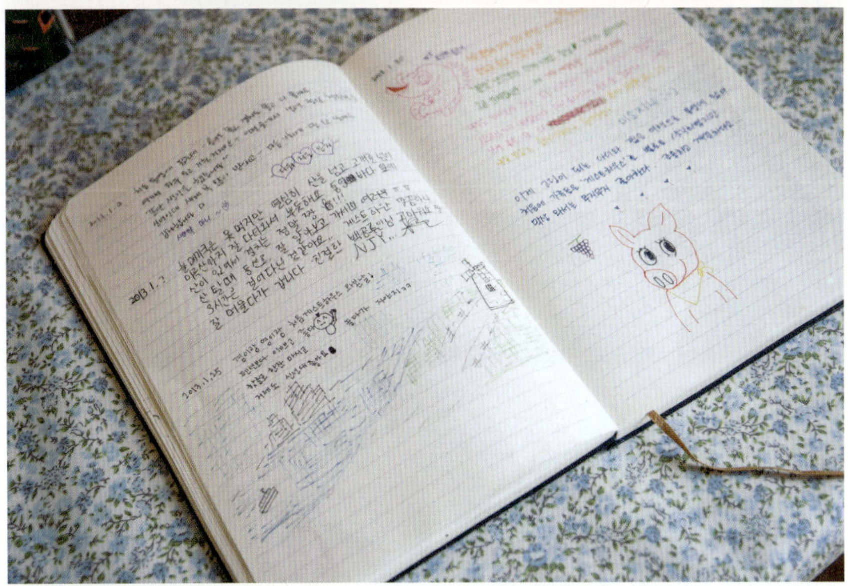

아빠가 준비해야 할 것 

통영 미역

아마 나만큼 미역국을 좋아하는 사람도 흔치 않을 게다. 곁들여진 것이 쇠고기든 홍합이든 관계없이 나는 미역국만 있으면 밥은 얼마라도 좋다는 마음으로 그것을 모두 흡입하듯 먹어버리곤 했으니까. 그래서 내 생일 뿐 아니라 식구들의 생일이 돌아올 때면 어머니께서는 언제나 커다란 곰솥에 하나 가득 미역국을 끓이시곤 했다. 물론 그중 절반 이상은 나 혼자 먹었다. 그런 내 모습을 보실 때마다 어머니는 "니가 애를 낳았냐? 뭔놈의 미역국을 그렇게 많이 먹어?"라며 핀잔을 주셨지만, 어쨌든 아들이 좋아하는 음식이었기에 어머니는 언제나 미역국을 한가득 끓이곤 하셨다. 그리고 지금은 내가 미역국을 그렇게 끓이고 있다.

게스트하우스를 운영하기 시작하면서 미역국은 내게 일상이 되었다. 손님들의 아침식사용으로 제공하는 가장 큰(?) 반찬이 바로 미역국이니까. 나와 아내가 별 고민을 하지 않고 미역국을 아침상에 올리기로 한 건, 통영에서 가장 구하기 쉽고 품질이 좋다는 이유 때문이었다. 대부분의 남해안 도시들이 그렇듯 통영에서도 미역이 난다.

우리가 알고 있는 대부분의 미역들은 부산의 북쪽 끝 기장과 전남의 수산업 전진기지 완도에서 나는 것들이다. 워낙 수확량이 많기도 하거니와 그곳에서 수확하는 미역들의 품질이 나쁘지 않기 때문이다. 그래서 건어물 상점에 가면 가장 친숙하게 접하는 지명 역시 기장과 완도다. 하지

만 통영은 다르다. 바깥으로 유통되는 양이 많지 않을 뿐 통영에서도 미역
이 생산되고 있는데, 이곳에서는 하나로 뭉뚱그려 '통영 미역'이라 부르
지 않고 그것을 채취한 곳의 이름을 붙이는 식이다. 한산도 미역, 매물도
미역, 견내량 미역이 가장 대표적인 통영 미역들. 물론 그 미역들에도 제철
이 있다. 찬바람이 불어오기 시작하는 11월부터 4월까지가 미역을 채취하
는 시기인데, 한산도 미역은 이른 겨울부터 음력 설 전까지 많이 수확되고
돌미역인 매물도 미역과 견내량 미역은 봄이 가까워질수록 쉽게 만날 수

있다. 그러니 한창 찬바람이 쌩쌩 불고 있는 이때 시장에서 가장 흔하게 볼 수 있는 것은 한산도 미역이다.

한산도에서는 미역 양식을 꽤 크게 하고 있다. 정확히는 한산도에서 배를 타고 15분 정도 더 남쪽으로 나아가야 도착하는 용초도라는 섬에서 양식한 것들인데, 주위에 비진도와 죽도가 위치하고 있어 태풍이 불어올 때가 아니면 1년 내내 물결이 잔잔한 곳이다. 그래서인지 한산도의 생미역은 부드럽고 감칠맛이 난다. 사실 서울에 살 때만 해도 미역은 거의 대부분 건조해놓은 것들밖에 보지 못했던 터라 생미역으로 미역국을 끓이는 게 영 어색했지만, 막상 끓여서 먹어보니 확실히 '싱싱한' 맛이 있었다. 함께 넣은 통영의 홍합 역시 한몫을 했겠지만 말이다.

반면 매물도 미역은 자연산이다. 해녀가 직접 바닷속에서 따온 것들인데, 매물도 인근에는 다른 섬이 없어 물결이 세기 때문에 쉽지 않은 일임에 틀림없다. 그래서인지 매물도 미역은 진한 맛이 일품이다. 물론 가격은 한산도 미역보다 높다. 훨씬 더 수고스럽게 채취한 것이니까.

견내량 미역은 안타깝게도 아직 먹어보질 못했다. 통영과 거제를 이어주는 거제대교 근처의 견내량이라는 마을에서 채취하는 미역인데, 몇 년 동안 통 미역이 자라질 않다가 지난 2012년, 3년 만에 다시 미역이 나기 시작했다고 한다. 하지만 우리 부부가 그 소식을 듣고 직접 견내량에 갔을 때는 이미 그 해의 미역이 모두 자취를 감춘 후였다. 임금님에게도 진상이 될 정도로 품질이 좋다는-사실 매물도 미역 역시 진상품 중 하나였단다. 어쩌면 매물도 미역과 견내량 미역이 하나로 묶여 '충무 미역'으로 취급됐을 지도 모를 일이다. 물론 한산도 미역 역시 난중일기에 등장할 정도로 그 전통이 깊은 미역이다- 이야기만 들었던 터라 아쉽기 이를 데 없었지만, 미역이 없다는 데 별 도리가 없었다.

이 세 가지 미역 중, 앞서 이야기한 것처럼, 내가 가장 많이 구입하고 먹었고 또 먹였던(!) 미역은 바로 한산도 미역이었다. 구하기 쉽고 일정 수준 이상의 품질을 보장했으며 가격 역시 합리적이었으니까. 하지만 아내가 먹어야 할, 더군다나 아이를 낳고 먹어야 할 미역은 평범한 것이 아니어야 한다는 생각이 끊이질 않았다.

싱싱한 미역을 키우는 건강한 바다

사실 우리 부부는 미역에 아픈 기억을 갖고 있다. 이미 한 번 아내의 출산용 미역을 고른 경험이 있던 터였다. 견내량 미역을 알아보았던 것도 아내의 출산 준비를 위한 것이었다. 하지만 그런 기대와 설렘은 오래 가지 못했다. 한 달 만에 다시 찾은 병원에서 아이의 심장소리가 들리지 않는다는 이야기를 듣고 우리는 꽤 오랫동안 힘들었다. 아내에게 내색은 하지 않았지만, 결혼도 생각하지 않았던 나는, 아이가 생긴다는 소식이 생경하기 이를 데 없었기 때문에 아빠가 된다는 사실을 스스로 받아들이는 데에 적잖은 시간이 걸렸다. 태명을 지어주고 아이가 태어난 후의 생활에 대해 나름대로의 각오 비슷한 것이 어느 정도 모습을 갖췄을 때, 나는 아빠가 되는 길에서 오히려 한 걸음 더 멀어졌던 것이다.

슬픔은 아득할 정도였다. 내가 그랬으니 결혼 직후부터 아이를 기다렸던 아내가 추슬러야 했을 감정은 어느 정도였을지, 나로서는 상상도 할 수 없었다. 아마 한 달 동안 우리는 시시때때로 감정이 격해졌던 걸로 기억한다. 몇 달이 지나도 문득 떠오르는 기억들 때문에 괴로웠던 걸로 기억한다. 그래서 동생 부부, 사촌 누이 부부의 아이가 태어나 서울로 미역을 올려 보낼 때마다 우리는 말없이 서로를 위로했다.

그 후 1년 만에 다시 아이가 생겼다. 처음에는 기대보다 걱정이 앞서기도 했다. 그래서인지 우리는 할 수 있는 한 차분하게 아이를 맞았다. 원래 성격이 그러하기도 했지만, 아내는 크게 변하지 않은 일상을 보냈다. 나 역시 아내에게 필요한 무언가를 대령할 5분 대기조 역할이 더해졌을 뿐, 수선을 떨 일은 없었다. 그런 생활 속에서 아이는 더하거나 덜한 부분도 없이 아내 배 속에서 잘 자라고 있었다. 그리고 이제는 정말 출산만 앞두고 있는 상태가 되자, 우리는 매일 하루만큼 부모가 되는 길을 걷고 있다는 사실을 깨달으며 평온한 마음을 갖게 되었다.

물론 겨울을 맞아 시장에 깔린 검푸른 미역들을 볼 때면 평소보다 더 설레는 감정이 들었던 것도 사실이다. 아내가 통영의 싱싱한 미역을 먹고 건강한 엄마가 되기를, 그리고 아이가 푸른 물살 속에서 씩씩하게 성장한 미역처럼 굳세게 자라나길 바라는 성급한 마음이 들었던 것도 사실이다. 하지만 그러기 위해서는 먼저 선행되어야 하는 일이 있다는 것을, 누구보다 내가 더 잘 알고 있다. 남편이자 아빠로서, 통영 바다처럼 모든 것을 넉넉하게 지키고 기를 수 있는 품을 가져야 한다는 사실을 나는 요즘 바다를 볼 때마다 되새기곤 한다. 쉽지 않은 일일 테고 어쩌면 불가능한 일일지도 모르겠다. 그래서 나는 바다가 보이는 곳에서 살게 되어 다행이라는 생각을 하게 됐다. 적어도 바다를 볼 때마다, 바다가 키우는 무언가를 싣고 오가는 배와 그 덕분에 삶을 이어가고 있는 사람들을 볼 때마다, 내가 그만큼 노력하고 있는지 되돌아보게 될 테니까 말이다.

에필로그

두 번째 봄

봄이 왔다. 통영 토박이들도 "이런 겨울은 처음이다"라며 고개를 절레절
레 흔들던 혹독한 겨울이 지나고 봄이 왔다. 시장에는 다시 도다리가 풀리
고 공터에는 쑥을 뜯으려는 사람들이 드문드문, 마치 점처럼 박혀 하나의
풍경이 되는 봄이 왔다. 통영에서 맞는 두 번째 봄이다.

많은 일들이 있었다. 책을 쓰기 시작했으며 게스트하우스를 열었고 얼
마 후에는 아이가 태어날 예정이다. 그래서 고단했으며 후회하기도 했고
종종 예민해져 아내와 싸우기도 했다. 물론 언젠가는 "그땐 참 힘들었어"
라고 웃을 날이 올지도 모르겠지만, 그건 아마 지금의 내가 상상할 수도 없
을 만큼 내 외모가 많이 바뀐 어느 날이 되어서야 가능한 일일 게다. 나는,
그리고 나의 아내는 그저 하루만큼 그날의 즐거움을 찾으며 혹은 스트레
스를 참으며 평범하게 살아가고 있을 뿐이니까.

1년 10개월. 통영으로 내려온 지 아직 2년도 지나질 않았다. 그래도 친
구 중 몇몇은 이제 통영 사람 다 됐겠다는 이야기를 하지만, 그건 아무리
시간이 지난다 해도 이뤄질 수 없는 일일 게 틀림없다. 사람은 자신이 십대
시절을 보낸 곳을 가장 오랫동안 기억하기 마련이라는데, 나와 아내는 벌
써 인생의 절반 가까운 시간을 서울에서 보냈으니 아마 살아 있는 내내 서
울 사람으로 지내게 될 터이다.

물론 처음 이곳에 내려왔을 때는 통영사람이 되고 싶어 했던 마음이

있었던 것도 사실이다. 하지만 지내다 보니 알게 됐다. 결코 쉬운 일이 아니라는 것을 말이다. 서울에서 익숙하게 접했던 것들, 아무렇지도 않게 누렸던 것들이 이곳에서는 꽤나 특별한 일이 된다는 것을 깨닫게 되었다. 맛있는 떡볶이를 먹기 위해 거제까지 찾아간다든지-당연히 이 역시도 실패했지만- 시사회 응모 같은 것들은 당연히 포기한다든지-국내에는 서울에밖에 극장이 없는 모양이다- 개봉관이 많지 않은 독립영화를 보기 위해 부산에 갈까 말까 고민을 하는 일-서울에 살 때는 반경 삼십 분 거리에 그런 극장이 몇 개씩이나 있었다- 등은 통영에 내려와 살게 되면서 느끼게 된 결핍들이었다. 아마 얼마의 시간이 흐르든 부재不在를 인식하는 습관은 지워지지 않을 게다. 그렇다면 거기에 녹아들었다 할 수는 없는 노릇이다.

그러니 서울 밖에서의 삶이 마냥 좋은 것만은 아니다. 부족한 것도 많고 낯선 것도 많고 불편한 것도 많다. 하지만 그렇다고 해서 다시 서울로 돌아갈 마음이 생기는 것은 아니다. 물론 가끔 향수가 생길 때는 있다. 숨을 쉴 때마다 목 언저리가 괜히 까끌까끌한 느낌이 드는 서울의 더러운 공기를 폐 가득히 밀어 넣고 싶을 때도 있다. 이제 텔레비전에서나 볼 수 있는 옷차림의 사람들이 오가는 합정역 근처 카페에서 드립 커피를 마시며 친구와 시덥잖은 이야기를 '서울말'로 나누고 싶을 때도 있다. 그러니 삼시 세 끼를 모두 패스트푸드로만 해결하고 싶은 욕구야 왜 없겠는가. 그럼에도 불구하고 나는 통영에서의 삶이 나와 아내, 그리고 곧 태어날 아이에게 더 잘 어울린다고 생각한다. 우리 부부는 다른 사람들보다 조금 게으르게 살아가기로 작심을 한 터였다. 다시 서울의 그 빛과 같은 속도에 맞춰 삶을 꾸려가는 건, 이제 불가능에 가까운 일이다. 게다가 환경의 변화가 특정 소수의 의도와 기획에 의한 것이 아니라 순전히 자연에 의해서만 일어나는 곳에서의 생활은, 서울의 그것보다 훨씬 건강하다는 것을 고작 2년 남짓한 시간 동안 깨닫게 되었으니까.

　당연히 우리의 아이는 도시에서 자란 아이보다 훨씬 다양한 생명을 접하며 자라게 될 것이다. 어느 여름엔, 이 동네 아이들이 그러하듯, 내내 뛰어놀다 더위를 이기지 못해 공원 앞까지 올라온 바닷물 속에 풍덩 뛰어드는 일상을 보내게 될 것이다. 당연히 나와 아내 역시 아이와 함께 이곳 통영에 대해 더 많이 공부를 하게 될 것이다.

　앞으로 남은 삶을 내내 여기에서 보낼 것이라는 확신을 하지는 못한다. 하지만 어찌 되었든 이제 서울이라 불리는 정체불명의 거대 기계 속으로 다시 돌아가지는 않을 것이다. 훨씬 인간적이고 훨씬 맛있는 삶이 그 밖에 있다는 것을 알게 됐으니까.

Ps.

아내의 요리솜씨는 통영에 내려와서 일취월장했다. 나 역시 재료를 보는 안목이 전보다 높아졌다 자부한다. 그렇다고 해서 우리가 매일의 식사를 책에 실린 것처럼 거창하게 혹은 '때깔 나게' 해 먹는 것은 아니다. 책에 실린 음식들 중에는 촬영을 위해 장식되고 좀 더 많은 손질을 한 것들도 적지 않다. 그러니 독자 여러분께서는 내가 너무 잘 먹고 산다는 생각은 삼가주시길 바랄 뿐이다.

도서출판 남해의봄날 로컬북스 02
이웃한 도시라도 자세히 들여다 보면 서로 다른 자연과 문화, 아름다움을 품고 있습니다.
독특한 개성을 간직한 크고 작은 도시의 매력, 그리고 지역에 애정을 갖고 뿌리내려 살아가는
사람들의 이야기를 남해의봄날이 하나씩 찾아내어 함께 나누겠습니다.

서울 부부의 남해 밥상

초판 1쇄 펴낸날 2013년 5월 31일

글·사진　　　정환정

편집인　　　정은영, 장혜원 책임편집, 천혜란
마케팅　　　소요프로젝트
디자인　　　김진용
일러스트레이션　정하진

종이와 인쇄　미르인쇄

펴낸이　　　정은영
펴낸곳　　　남해의봄날
경상남도 통영시 봉수1길 12번지 1층
전화 055-646-0512 팩스 055-646-0513
이메일 books@namhaebomnal.com
페이스북 /namhaebomnal 트위터 @namhaebomnal
블로그 blog.naver.com/namhaebomnal

ISBN 978-89-969222-2-3 13590
© 2013 남해의봄날 Printed in Korea.

남해안에서
만나는
계절별
로컬푸드

영광

영광
굴비(겨울)

구례
밀(여름)
쌀(가을)

벌교
꼬막(겨울)

구례

신안
신안
천일염

목포
민어(여름)

보성
녹차(봄)

목포

벌교

보성

장흥
키조개(봄)
매생이(겨울)

고흥

장흥

진도

진도
울금(겨울)
홍주

완도

고흥
유자(가을)

완도
미역(겨울)
전복

광양
불고기, 고로쇠(봄)
매실(여름)

순천
굴비정식

하동
녹차(봄)
재첩(봄/가을)

창원
미더덕(봄)

사천
쥐포

창원

하동

광양

사천

순천

여수

남해

통영

거제

거제
죽순(봄)
포도(여름)
대구(겨울)

남해
마늘(여름)

통영
도다리(봄)
갯징어(여름)
물메기(겨울)
굴(겨울)
미역(겨울)
전복
졸복

여수
갯장어(여름)
군평선이(금풍생이/여름)
서대회(여름)
굴(겨울)
개도 막걸리